名校名师精品系列教材

Python Web Development Technology
and Application

Python Web
开发技术与应用

Flask版 | 微课版

李粤平 李岩 ◉ 主编
鄢小虎 海龙 ◉ 副主编

人 民 邮 电 出 版 社
北 京

图书在版编目（CIP）数据

Python Web开发技术与应用 : Flask版 : 微课版 /
李粤平，李岩主编. -- 北京 : 人民邮电出版社，2023.8
名校名师精品系列教材
ISBN 978-7-115-59674-1

Ⅰ. ①P… Ⅱ. ①李… ②李… Ⅲ. ①软件工具－程序
设计－教材 Ⅳ. ①TP311.561

中国版本图书馆CIP数据核字(2022)第114887号

内 容 提 要

本书介绍 Flask Web 框架的基本应用，全书分为 7 章，包括 Flask 开发基础、Web 前端基础、使用灵活的模板、如何与用户进行交互、使用数据库存储内容、如何使程序易于维护、实例：简易博客系统。本书采用 Windows 7、Python 3.7.4、Chrome 及 PyCharm 完成应用实例的开发。

本书内容丰富、知识点完整、结构层次分明，通过大量插图来讲解应用实现过程，有利于读者理解 Python Web 应用开发过程并掌握相关技能。

本书可以作为高职高专计算机及其相关专业的教材或教学参考书，也适合专业软件开发人员使用。

◆ 主　　编　李粤平　李　岩
副 主 编　鄢小虎　海　龙
责任编辑　初美呈
责任印制　王　郁　焦志炜
◆ 人民邮电出版社出版发行　　北京市丰台区成寿寺路 11 号
邮编　100164　　电子邮件　315@ptpress.com.cn
网址　https://www.ptpress.com.cn
三河市君旺印务有限公司印刷
◆ 开本：787×1092　1/16
印张：13　　2023 年 8 月第 1 版
字数：302 千字　　2025 年 1 月河北第 3 次印刷

定价：49.80 元

读者服务热线：(010)81055256　印装质量热线：(010)81055316
反盗版热线：(010)81055315
广告经营许可证：京东市监广登字 20170147 号

前言 PREFACE

党的二十大报告提出：我们要坚持教育优先发展、科技自立自强、人才引领驱动，加快建设教育强国、科技强国、人才强国。Web 开发是计算机及其相关专业的一门必修课程，也是一门操作性较强的课程。高职高专院校学生在学习 Web 开发时，要学会快速便捷地构建 Web 应用，而无须重点关注技术细节（协议、报文、数据结构）。

现在热门的大数据和人工智能等领域大量使用 Python 作为开发语言，越来越多的院校采用 Python 作为计算机程序设计语言。到 2020 年为止，基于 Python 创建的 Web 应用已经非常多了，这些 Web 应用分别用到了不同的 Web 框架来实现。本书介绍的 Flask 就是小而精框架的代表。Flask 是基于 Werkzeug 工具箱编写的轻量级 Web 开发框架，它主要面向需求简单、项目周期短的 Web 小应用。Flask 框架的核心思想是只实现基本的功能，别的功能都是靠各种第三方插件来实现，实现了模块高度化定制。

本书有以下几个特色。

（1）运用大量结合文字的插图来介绍 Flask 的操作以及核心代码，帮助读者掌握 Flask 知识。

（2）介绍 Flask 框架的特色——Jinja2 模板引擎，这是一个功能齐全的 Python 模板引擎，除了注入变量，还允许我们在模板中添加 if 判断，执行 for 迭代、宏指令等。

（3）除第 7 章外，每章后面都附有小结和习题，帮助读者更快掌握 Flask 的使用方法。读者学完一章后通过完成习题，可以加深对该章知识和操作的理解。

本书参考学时可定为 64 学时，各章的参考学时如下表所示。

学时分配表

课程内容	学时
Flask 开发基础	8
Web 前端基础	8
使用灵活的模板	8
如何与用户进行交互	8
使用数据库存储内容	12
如何使程序易于维护	8
实例：简易博客系统	12

由于本书内容较多，教师可根据实际教学安排筛选教学内容。建议采用理论实践一体化的教学模式，培养学生的自学能力。

本书是编者综合开发经验和课程建设的成果，但由于编者水平和经验有限，书中难免有不足和疏漏之处，恳请读者批评指正。为方便读者使用，书中全部实例的源代码及电子教案均免费提供给读者，读者可登录人民邮电出版社教育社区（www.ryjiaoyu.com）下载。

编者

2023 年 3 月

目录 CONTENTS

第1章 Flask 开发基础

学习目标

- 了解 Web 开发的基本概念
- 完成 Flask 开发环境的搭建
- 了解浏览网页的基本原理

在互联网发展的早期阶段，每一个网页都是一个单独的文件。其中有静态页面与动态页面，静态页面是一个内容不变的文件，如.html、.htm 文件；而动态页面则是通过解析程序代码文件生成的一个实时页面，如解析.php、.asp、.jsp 文件生成页面。

对于这种基于请求的传统网站，在开发过程中，每一个功能都要在单独的网页文件中实现，如登录、注册、查看文章列表等。若要在不同的页面中使用相同的功能，则需要在不同的页面中单独实现这些功能。

上述方法复用性太差，不便于维护。后来出现了基于组件的框架，它把软件开发应用的组件思想引入 Web 开发。每一个功能都被封装成可独立工作、重复使用的组件。组件能接收用户的输入，并返回相应的结果。

大家接下来要学习的 Flask 被称为微框架，它的"微"并不是指把整个 Web 应用放入一个 Python 文件中，而是指 Flask 旨在保持代码简洁且易于扩展。Flask 既可以采取基于请求的方式来开发，也可以采取基于组件的方式来开发。

1.1 Flask 概述

Flask 是一个使用 Python 编写的轻量级 Web 应用程序框架，是最流行的 Python Web 框架之一。

Flask 相较于 Django 框架更为灵活、易用。Flask 仅提供核心功能，默认依赖于两个外部库（Jinja2 模板引擎和 Werkzeug WSGI 工具集），其他大部分功能模块都以扩展的形式引入应用中使用。

1.2 Flask 的安装与配置

本节将介绍如何部署 Flask 的开发环境。本书使用的所有软件及对应版本如表 1-2-1 所示。

表 1-2-1　软件及对应版本

软件名称	软件版本号
Chrome	76.0.3809.100
Python	3.7.4
Flask	1.1.1
PyCharm	2019.2 (Professional)

1.2.1　安装 Chrome 浏览器

Chrome 是一款设计简单的 Web 浏览工具，是目前最流行的浏览器之一。如今市面上大部分浏览器都是基于 Chrome 内核开发的，Chrome 浏览器兼容性相对较优，非常适合作为开发环境。

读者可以到 Chrome 浏览器的官网下载 Chrome 浏览器，如图 1-2-1 所示。

图 1-2-1　Chrome 浏览器官网

1.2.2　安装 Python 环境

Flask 要运行在 Python 环境中，因此需要安装 Python。读者可以在 Python 的官网中找到下载地址。由于大家在学习过程中使用的大多是 Windows 操作系统，因此，接下来以 Windows 操作系统为例来说明 Python 环境的安装及配置过程。

打开 Python 官网，选择“Downloads”菜单下的“Windows”选项，下拉找到对应的 Python 3 版本链接，如图 1-2-2 和图 1-2-3 所示。

进入下载页面后，单击“Windows x86-64 executable installer”链接进行下载，如图 1-2-4 所示。

下载完成后打开安装包进行安装，如图 1-2-5 所示。安装之前勾选“Add Python 3.7 to PATH”复选框，以便 Python 自动配置环境变量。

Python 环境正确安装之后，按“Win+R”组合键打开“运行”对话框，输入“cmd”，如图 1-2-6 所示，单击“确定”按钮即可打开命令提示符窗口。

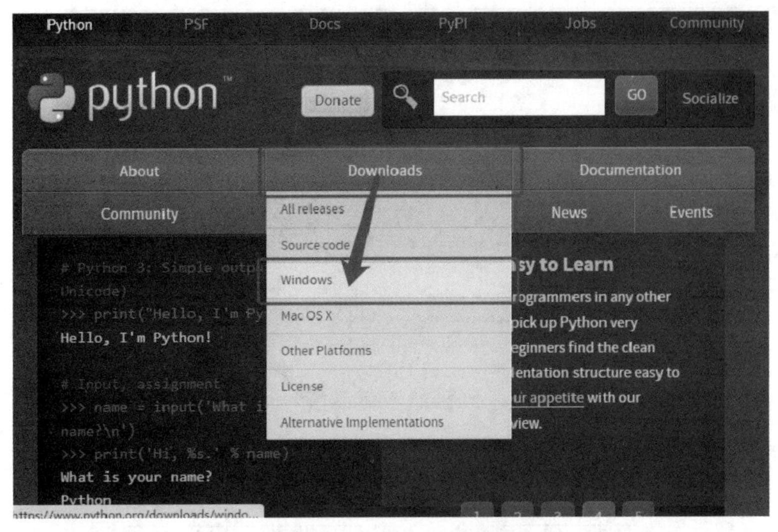

图 1-2-2 Python 官网

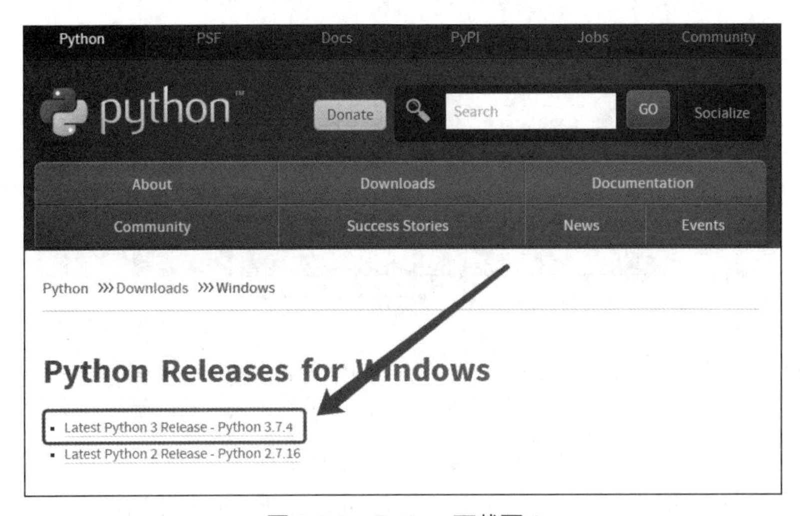

图 1-2-3 Python 下载页 1

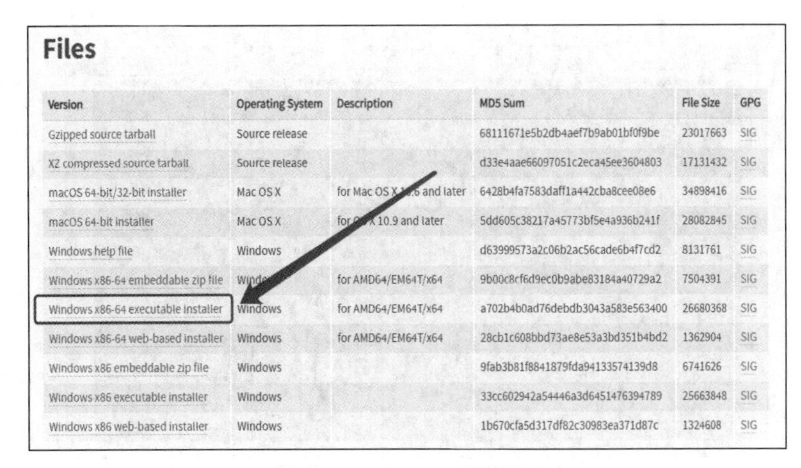

Files

Version	Operating System	Description	MD5 Sum	File Size	GPG
Gzipped source tarball	Source release		68111671e5b2db4aef7b9ab01bf0f9be	23017663	SIG
XZ compressed source tarball	Source release		d33e4aae66097051c2eca45ee3604803	17131432	SIG
macOS 64-bit/32-bit installer	Mac OS X	for Mac OS X [illegible]6 and later	6428b4fa7583daff1a442cba8cee08e6	34898416	SIG
macOS 64-bit installer	Mac OS X	for [illegible]X 10.9 and later	5dd605c38217a45773bf5e4a936b241f	28082845	SIG
Windows help file	Windows		d63999573a2c06b2ac56cade6b4f7cd2	8131761	SIG
Windows x86-64 embeddable zip file	Wind[illegible]	for AMD64/EM64T/x64	9b00c8cf6d9ec0b9abe83184a40729a2	7504391	SIG
Windows x86-64 executable installer	Windows	for AMD64/EM64T/x64	a702b4b0ad76debdb3043a583e563400	26680368	SIG
Windows x86-64 web-based installer	Windows	for AMD64/EM64T/x64	28cb1c608bbd73ae8e53a3bd351b4bd2	1362904	SIG
Windows x86 embeddable zip file	Windows		9fab3b81f8841879fda94133574139d8	6741626	SIG
Windows x86 executable installer	Windows		33cc602942a54446a3d6451476394789	25663848	SIG
Windows x86 web-based installer	Windows		1b670cfa5d317df82c30983ea371d87c	1324608	SIG

图 1-2-4 Python 下载页 2

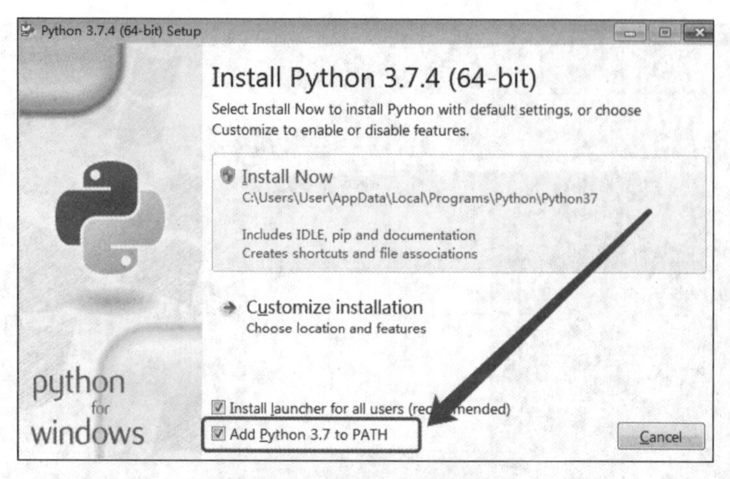

图 1-2-5　Python 安装界面

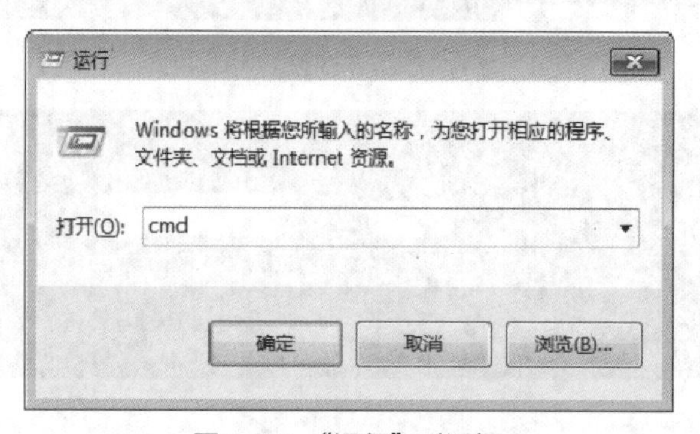

图 1-2-6　“运行”对话框

打开命令提示符窗口后，输入以下命令查看 Python 及 pip 的版本。

```
pip -V
```

命令提示符窗口是一个很常用的工具，请务必记住其打开方法。

如果命令提示符窗口能够正确显示 pip 及 Python 版本，则说明 Python 和 pip 安装成功，如图 1-2-7 所示。

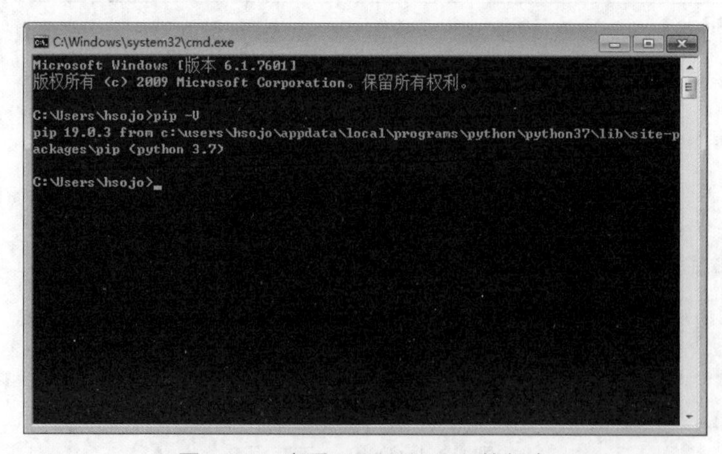

图 1-2-7　查看 pip 和 Python 的版本

1.2.3　使用 pip 安装 Flask

使用 pip 进行模块安装之前，先要配置好镜像源，以获得最快的下载速度。

打开用户目录（C:\Users\你的用户名）后创建“pip”目录，新建文本文件并将文件名称修改为“pip.ini”，如图 1-2-8 所示。

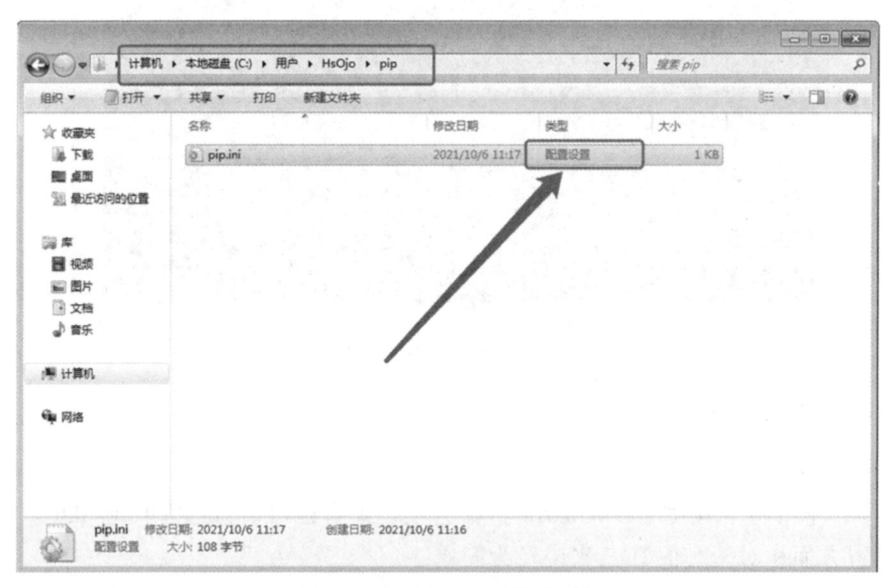

图 1-2-8　创建 pip 配置文件

如果将文件名称修改为“pip.ini”，文件类型仍显示为“文本文档”，这时需要修改系统设置以显示文件扩展名。按“Alt+V”组合键打开“查看”菜单，选择“自定义文件夹”选项（Windows 10 中单击“查看”选项卡最右边的“选项”按钮），打开“文件夹选项”对话框后单击“查看”选项卡，在“高级设置”中取消勾选“隐藏已知文件类型的扩展名”复选框，单击“确定”按钮即可将文件更名为“pip.ini”。

用鼠标右键单击“pip.ini”，在弹出的快捷菜单中选择“编辑”选项，或使用记事本打开该文件，输入以下内容。

```
[global]
index-url = http://mirrors.aliyun.com/pypi/simple/
[install]
trusted-host = mirrors.aliyun.com
```

单击“保存”按钮，关闭输入窗口。此时 pip 镜像源（阿里云）就配置好了。

接下来使用右键单击系统任务栏中的 Windows 按钮，选择“命令提示符（管理员）（A）”选项，打开命令提示符窗口，输入以下命令。（注意：实际操作中，以下命令不换行。）

```
pip install flask==1.1.1 jinja2==2.11.3 itsdangerous==2.0.1 markupsafe==
1.1.1 werkzeug==0.16.1
```

执行上述命令之后，能看到“Successfully installed…”，没有提示红色的报错信息，即安装成功，此时，Flask 就可以正常使用了，如图 1-2-9 所示。

```
C:\Windows\system32\cmd.exe
>
  Downloading https://files.pythonhosted.org/packages/44/98/5b86278fbbf250d239ae
0ecb724f8572af1c91f4a11edf4d36a206189440/colorama-0.4.4-py2.py3-none-any.whl
Collecting typing-extensions>=3.6.4; python_version < "3.8" (from importlib-meta
data; python_version < "3.8"->click>=5.1->flask==1.1.1)
  Downloading https://files.pythonhosted.org/packages/75/e1/932e06004039dd670c9d
5e1df0cd606bf46e29a28e65d5bb28e894ea29c9/typing_extensions-4.2.0-py3-none-any.wh
l
Collecting zipp>=0.5 (from importlib-metadata; python_version < "3.8"->click>=5.
1->flask==1.1.1)
  Downloading https://files.pythonhosted.org/packages/80/0e/16a7ee38617aab6a624e
95948d314097cc2669edae9b02ded53309941cfc/zipp-3.8.0-py3-none-any.whl
Installing collected packages: typing-extensions, zipp, importlib-metadata, colo
rama, click, itsdangerous, werkzeug, markupsafe, jinja2, flask
  The script flask.exe is installed in 'c:\users\heavenduke\appdata\local\progra
ms\python\python37-32\Scripts' which is not on PATH.
  Consider adding this directory to PATH or, if you prefer to suppress this warn
ing, use --no-warn-script-location.
Successfully installed click-8.1.3 colorama-0.4.4 flask-1.1.1 importlib-metadata
-4.11.4 itsdangerous-2.0.1 jinja2-2.11.3 markupsafe-1.1.1 typing-extensions-4.2.
0 werkzeug-0.16.1 zipp-3.8.0
You are using pip version 10.0.1, however version 22.1.2 is available.
You should consider upgrading via the 'python -m pip install --upgrade pip' comm
and.
```

图 1-2-9　安装 Flask

1.2.4　安装集成开发环境

PyCharm 是当下最流行的 Python 集成开发环境（Integrated Development Environment，IDE）之一，本书将全程使用 PyCharm 进行开发，读者也可自行选择其他 IDE。PyCharm 在环境配置方面相对于其他 IDE 来说较为简单。

在 PyCharm 的官网中可以找到 PyCharm 的下载地址。进入官网后单击“DOWNLOAD”按钮进入下载页面。此时，需要选择 Windows 平台下的专业版（收费软件，但可试用 30 天），专业版包含优化 Flask 开发的功能，如图 1-2-10 所示。

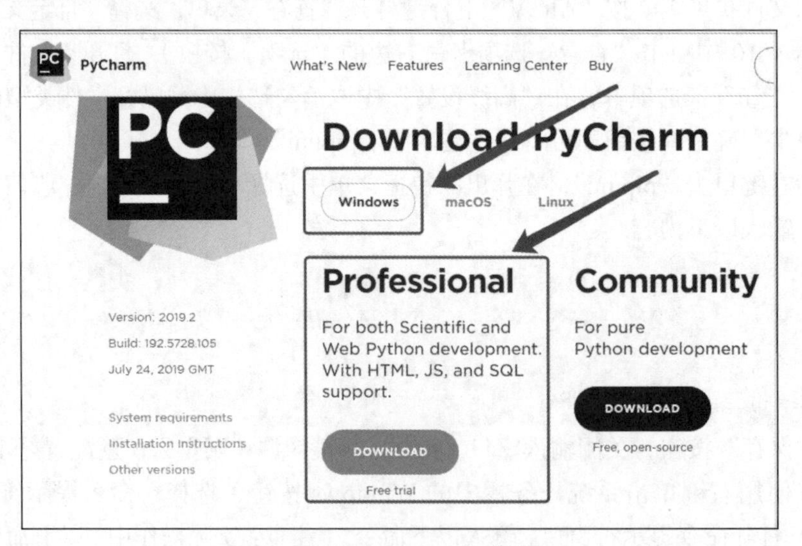

图 1-2-10　PyCharm 下载页面

下载完成后，打开安装包开始安装，如图 1-2-11 所示。在“Installation Options”界面勾选“64-bit launcher”前的复选框，该选项用于创建桌面快捷方式；其他选项保持默认设置即可。

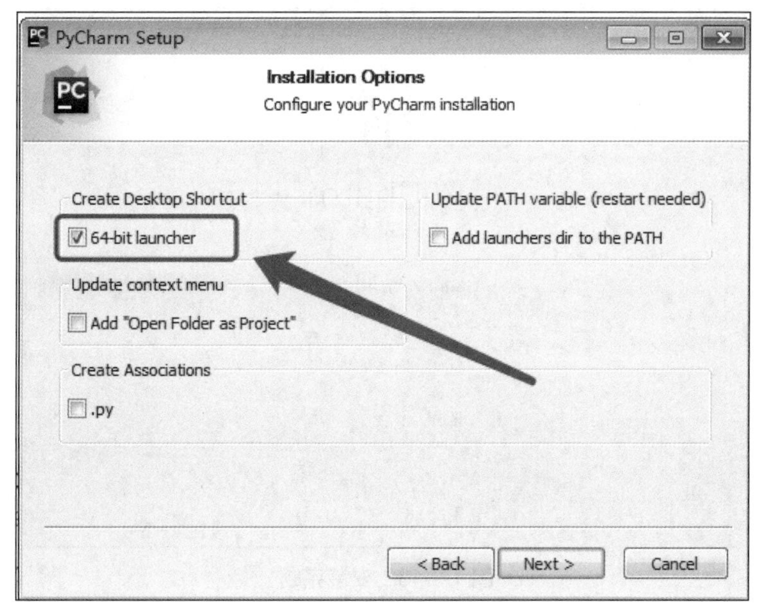

图 1-2-11　安装设置

安装完成后，打开 PyCharm，进行初始配置，选择"Evaluate for free"选项，如图 1-2-12 所示。

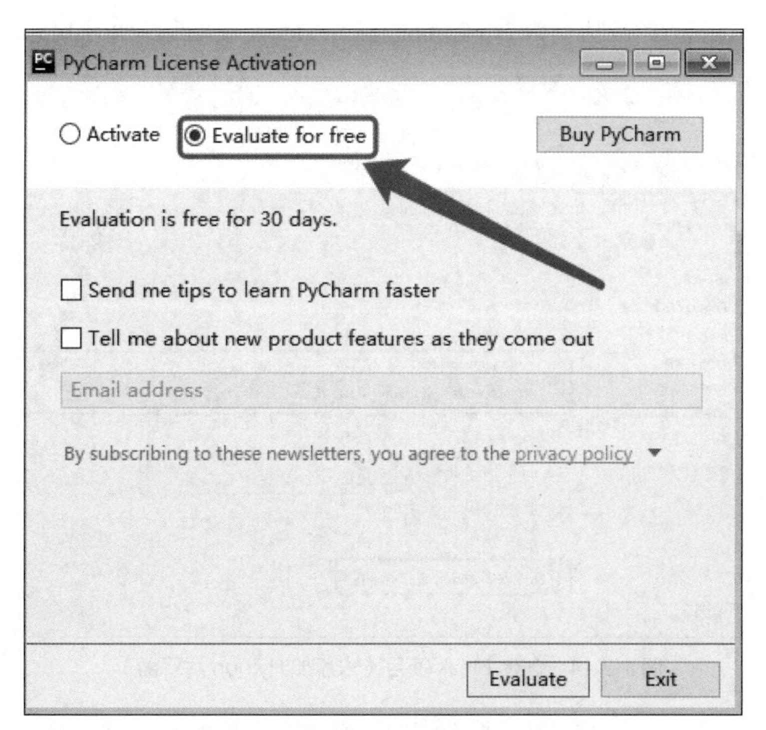

图 1-2-12　免费试用

单击"Evaluate"按钮，即可试用 30 天，如图 1-2-13 所示。至此，PyCharm 开发环境安装完成。

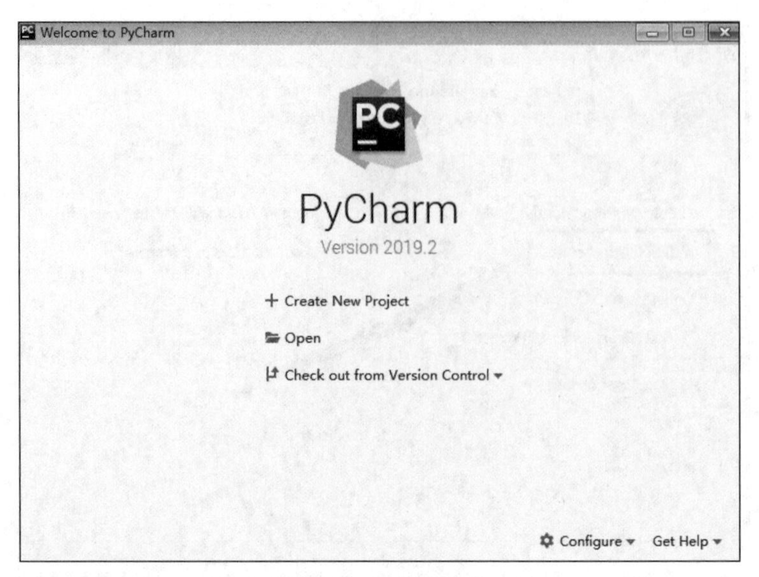

图 1-2-13　安装完成

1.2.5　在 PyCharm 中创建 Flask 项目

打开 PyCharm，单击“Create New Project”按钮，选择“Flask”选项，选择“Existing interpreter”选项。

此时，可以在下方看到提示“No Python interpreter selected”，如图 1-2-14 所示。

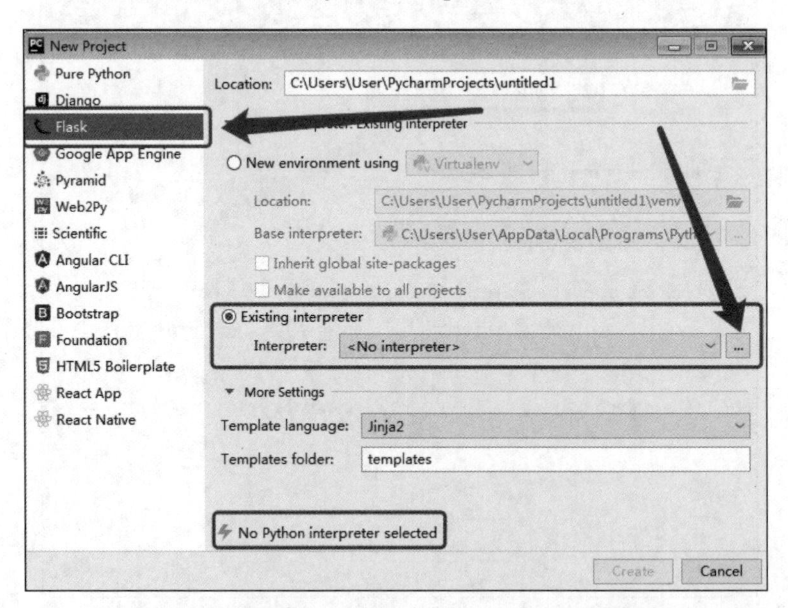

图 1-2-14　创建 Flask 项目（未添加 Python 解释器）

单击“Interpreter”选项右侧的“...”按钮，添加安装好的 Python 解释器，如图 1-2-15 所示。在弹出的对话框中选择“System Interpreter”选项，可以看到安装 Python 环境的路径，单击“OK”按钮。

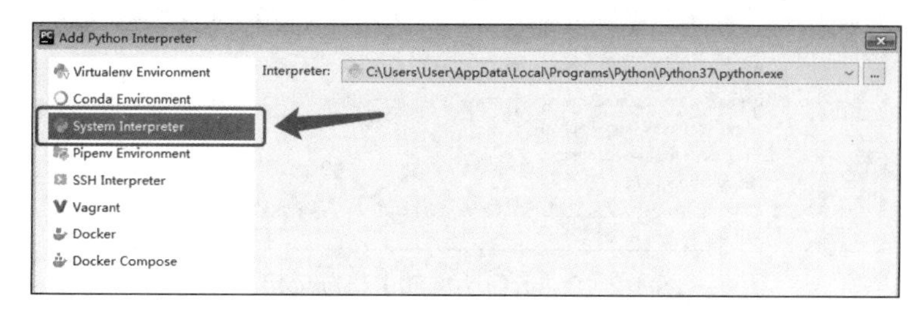

图 1-2-15 添加系统 Python 解释器

如果没有看到相关选项，请检查是否按 1.2.2 小节中介绍的安装流程正确操作。

此时，可以看到下方的提示已经消失了，如图 1-2-16 所示。图中“Location”选项中的内容是项目名称，默认情况下，项目名称与目录名称是一致的。单击“Create”按钮，就可以在 PyCharm 中正常创建项目了。

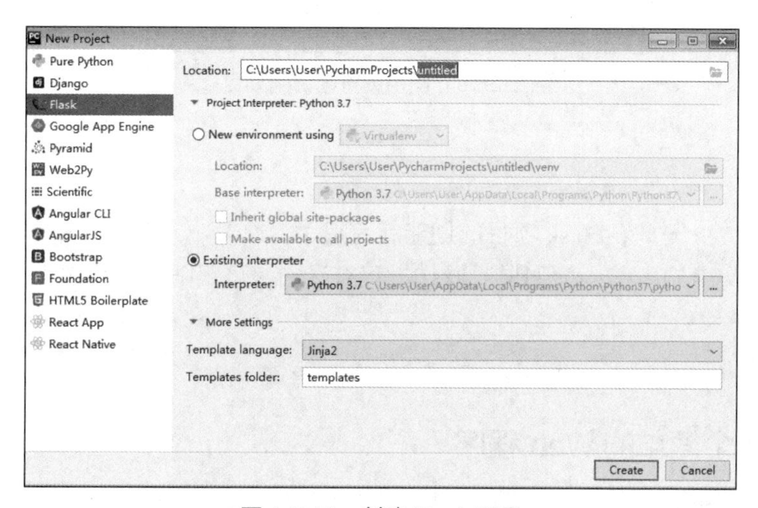

图 1-2-16 创建 Flask 项目

在图 1-2-17 所示的 PyCharm 主界面的运行（调试）区域中，单击▶按钮可以启动当前项目，如图 1-2-18 所示。

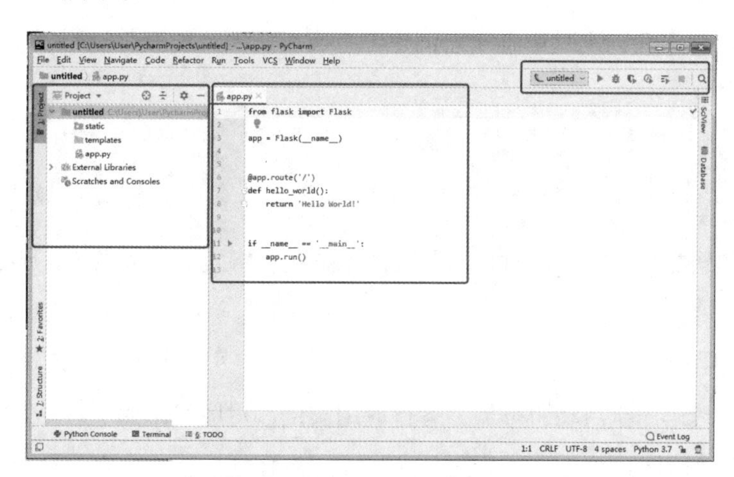

图 1-2-17 PyCharm 主界面

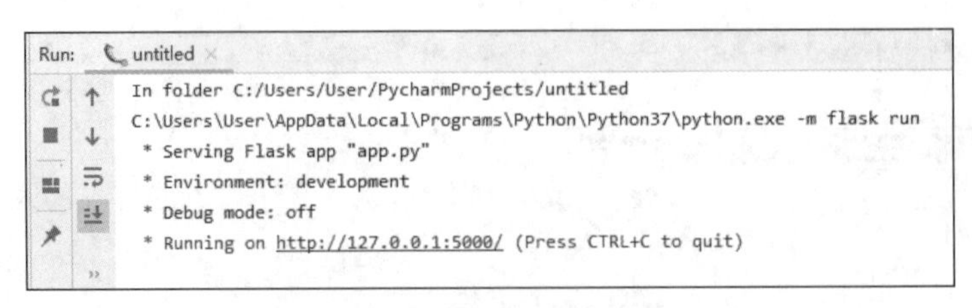

图 1-2-18　运行（启动）当前项目

单击图 1-2-18 所示的链接“http://127.0.0.1:5000/”，即可打开浏览器访问项目，如图 1-2-19 所示。

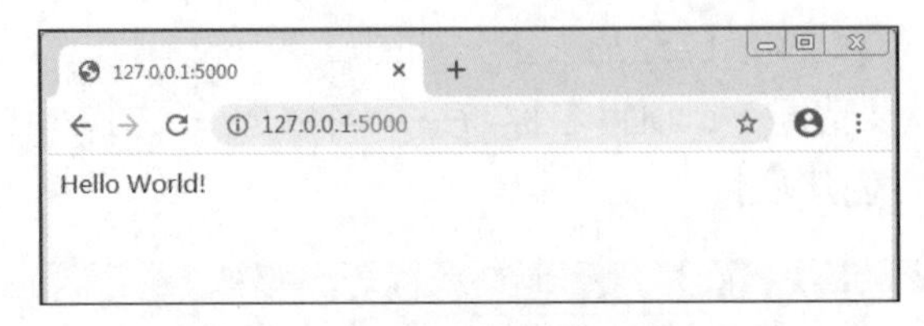

图 1-2-19　使用浏览器访问项目

Flask 的安装与配置

至此，Flask 项目的创建就完成了。

在本节中，如果对操作过程有疑问，可跟随左侧视频进行操作。

1.3 一个简单的 Web 程序

Flask 项目创建之后会包含一个简单的 Web 程序，本节讲解这个简单的项目都包含了什么内容，这些内容有哪些作用。

1. 应用初始化

所有 Flask 程序在创建时都必须先创建一个应用实例，也就是进行应用初始化。对应的程序代码如下。

```
from flask import Flask
# 应用的初始化
app = Flask(__name__)
```

应用实例创建之后，才可以对路由及视图函数进行绑定。此处的“__name__”用于获取当前代码文件的文件名。

2. 运行应用

程序最后的代码用于启动服务器，运行应用实例。对应代码如下。

```
# 启动服务器
if __name__ == '__main__':
```

```
    app.run(debug=True)
```

此处的“__name__ == '__main__'”用于判断当前文件是否直接被运行。

如果需要开启调试模式，可以在 app.run()方法中添加 debug 参数。

3. 路由与视图

在用户使用浏览器访问网页的过程中，浏览器首先会发送一个请求到服务器，服务器接收到请求之后，会将请求转交给 Flask 进行处理。Flask 会对用户所访问的 URL 进行解析，然后找到相应的响应内容，将其返回到浏览器。

路由用于使 Flask 知道 URL 对应的内容在哪里。

回到运行之前的代码，可以看到有一个函数被装饰器 app.route 装饰，这个装饰器用于定义路由，确定 URL 与 Python 函数之间的映射。对应代码如下。

```
@app.route('/')
def hello_world():
    return 'Hello World!'
```

被路由装饰器装饰的函数便是视图函数，用于返回用户请求 URL 的相应响应内容。此处返回的响应内容可以是简单的字符串，也可以是复杂的 HTML 页面。

如果仔细观察平时所访问的 URL，会发现其中很多地方都存在可变的部分。例如，在 GitHub 用户页面的 URL（https://github.com/<username>）中，用户名作为参数被包含在内；而在 Flask 中，可以简单地实现这种风格的路由绑定。

接下来，尝试实现上面所描述的效果，以下是所需的代码。

```
@app.route('/user/<username>')
def user(username):
    return 'This is %s' % username
```

上述代码中的视图函数包含了 username 参数，当用户访问“/user/用户名”页面时，URL 中 username 占位符的数据会传递到 username 参数中，最后视图函数返回相应用户的信息。

代码输入完后可以单击▶按钮运行应用，来测试效果。

当访问服务器下的“/user/HsOjo”页面时，服务器返回了动态生成的“This is HsOjo”响应信息，如图 1-3-1 所示。同理，访问“/user/Test”则会返回“This is Test”。

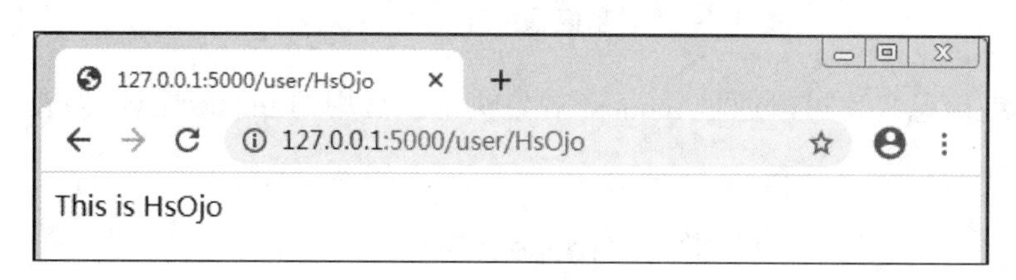

图 1-3-1　用户页面

一个简单的 Web 程序

在本节中，如果对操作过程有疑问，可跟随右侧视频进行操作。

1.4 请求与响应

浏览器向服务器发送了“请求”，服务器处理后给浏览器返回了“响应”。这样一个简单的流程，其实就是 HTTP 的核心。HTTP 是一个简单的“请求—响应”协议，其性质为无状态协议，对事务处理没有记忆能力。这意味着每一次交互都是完全独立的，例如，用户访问了首页与文章列表页，而服务器只知道有用户访问了首页与文章列表页，却无法确定是否是同一个用户访问的。

1.4.1 请求信息

在通过浏览器访问网页时，浏览器提交的请求中不仅包含 URL，还包含其他数据，例如用户使用的系统与浏览器版本、语言、浏览器所支持的编码、格式等。

以下是一个简单的例子，用于获取用户的 IP 及用户所使用的系统、浏览器信息。

```
# 获取请求信息需要引入 request 对象
from flask import Flask, request


@app.route('/info')
def info():
    # 从 request 对象获取用户请求信息
    info_str = '用户 ip: %s<br/>用户浏览器: %s' % (
        request.remote_addr, request.user_agent)


    return info_str
```

当用户访问网页时，可以看到图 1-4-1 所示的信息。

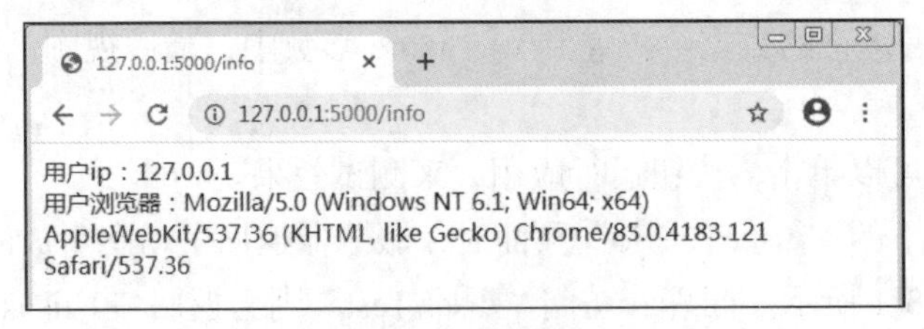

图 1-4-1 请求信息页

如果需要获取其他信息，也可以通过 request 对象实现。常用的 request 属性如表 1-4-1 所示。

表 1-4-1 常用的 request 属性

属性名称	数据类型	解释
method	str	请求的提交方式
path	str	URL 中的访问路径

续表

属性名称	数据类型	解释
full_path	str	URL中的访问路径，包含数据
remote_addr	str	浏览器的IP地址
url	str	请求的完整URL
base_url	str	请求的URL，不含数据
url_root	str	请求的根URL，不含路径
user_agent	str	浏览器及操作系统信息
args	dict	请求中提交表单的GET参数
form	dict	请求中提交表单的POST参数
files	dict	请求提交所上传的文件
cookies	dict	浏览器Cookie数据

其他属性可以在PyCharm的代码输入补全功能中找到。

1.4.2 状态响应

前文提到HTTP是无状态协议，“无状态”仅意味着两次HTTP交互之间没有联系，与本小节标题“状态响应”中的“状态”意义不同。本小节所述的“状态响应”是指在每一次HTTP交互中，返回响应包中包含的状态码。

例如，在访问用户页面时，找不到特定的用户页，返回404状态码；又或者在访问应用服务时，后端服务出错，返回500状态码。这些都是常见的状态响应。即使正常访问网页，没有产生错误，也会返回200状态码。

以下是一个用户资料页面的视图函数，当查看用户资料找不到特定的用户时，使用Flask返回404状态码。

```
@app.route('/profile')
@app.route('/profile/<username>')
def profile(username=None):
    # 检查用户名是否处于用户列表内
    if username in ['John', 'Bill', 'Hunter', 'Carlos']:
        return 'Name: "%s".' % username
    else:
        return 'User "%s" Not Found.' % username, 404
```

HTTP响应拥有数十种不同的状态，常见的响应状态码如表1-4-2所示。

表 1-4-2　常见的响应状态码

状态码	信息	解释
200	OK	一切正常
301	Moved Permanently	重定向
400	Bad Request	客户端请求错误
403	Forbidden	无权限访问
404	Not Found	找不到页面
405	Method Not Allowed	客户端使用了不支持的提交方法
500	Internal Server Error	服务器端出错
502	Bad Gateway	代理与服务器之间访问出错

在访问网页过程中，每一次请求的响应状态码都可以在浏览器的开发者工具（在 Chrome 浏览器中可以按“F12”键打开）的“Network”中的“Status”中观测到，如图 1-4-2 所示。

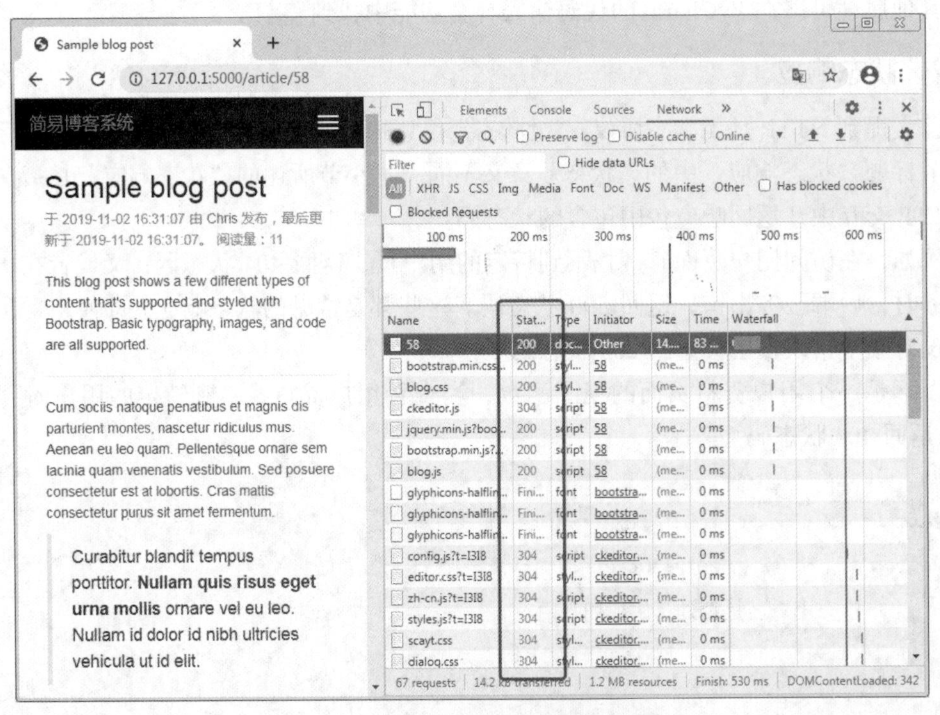

图 1-4-2　通过开发者工具查看状态码

1.4.3　Cookie

HTTP 每一次的交互都是独立的，无法存储状态数据。为了解决这个问题，Cookie 出现了。

Cookie 需要浏览器的支持，如果浏览器不支持 Cookie 存储，那么便无法记录状态数据。而且，Cookie 的存储容量有限，不同的浏览器有不同的存储大小，但一般不会超过 4KB。因此，Cookie 只能存储少量数据，如用户的一些偏好设置、临时信息等。

当用户访问需要记录状态数据的网页时，服务器会在 HTTP 响应包头部加入设置 Cookie 的指令，浏览器接收到响应包后，将 Cookie 存储到本地，当用户再次访问页面时，浏览器会将 Cookie 数据加入 HTTP 请求包头部，从而使服务器获取到状态信息。

以下是一个例子，用于获取用户最后访问的时间。

```
import time
from flask import Flask, make_response

@app.route('/access')
def access():
    # 从 Cookie 获取最后访问时间
    last_access_time = request.cookies.get('last_access_time', '未知')
    resp = make_response('你最后访问的时间是: %s' % last_access_time)

    # 获取服务器当前时间并设置 Cookie
    last_access_time = time.strftime('%Y-%m-%d %H:%M:%S')
    # max_age 用于设置 Cookie 的有效期（秒）
    resp.set_cookie('last_access_time', last_access_time , max_age=86400)

    return resp
```

当用户初次访问页面时，由于 Cookie 中不存在最后访问时间的数据，默认情况下返回“未知”，如图 1-4-3 所示。

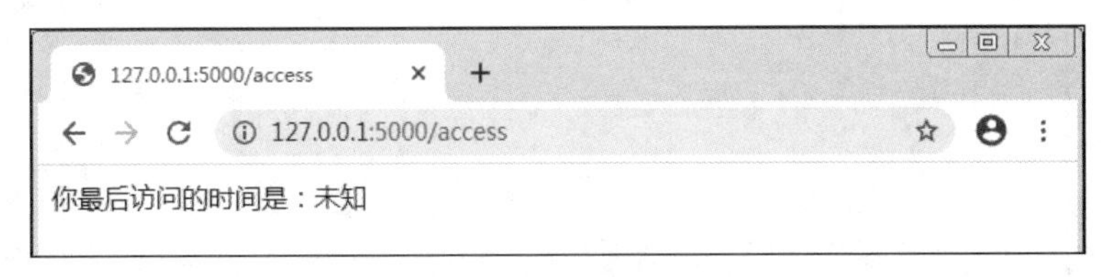

图 1-4-3　初次访问（无 Cookie）

当用户再次访问页面时，则会从 Cookie 中取得最后访问时间的数据，如图 1-4-4 所示。

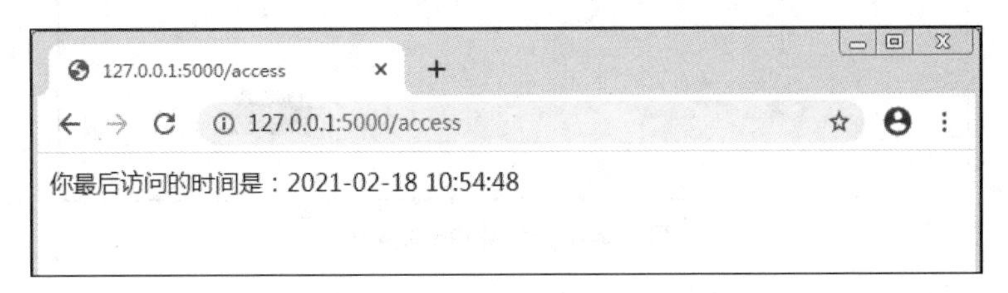

图 1-4-4　二次访问（有 Cookie）

由于 Cookie 是存放在本地的，可以被查看及修改，安全性较低，所以一般不用来存储敏感数据。在 Chrome 浏览器中，可以单击 URL 栏左侧的ⓘ按钮找到查看 Cookie 的选项，如图 1-4-5 所示。

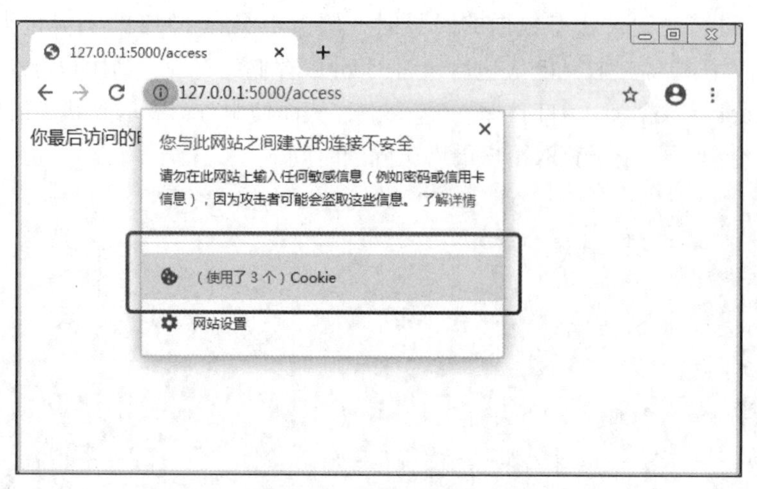

图 1-4-5　查看 Cookie 1

选择图 1-4-5 所示的方框中的选项可以查看到图 1-4-6 所示的 last_access_time 的所有数据。在没有设置 Cookie 过期时间的情况下，当用户关闭浏览器（Chrome）时，Cookie 将会被自动清除。

图 1-4-6　查看 Cookie 2

如果要手动删除 Cookie，则需要执行以下代码。

```
# 请联系前文查看
# 手动删除 Cookie
resp.delete_cookie('last_access_time')
```

1.4.4 Session

Session 与 Cookie 的作用相似，都用于存储状态数据。不同的是，Session 只能在服务器端进行管理，用户在本地无法对其进行修改，因而安全性较高。Session 一般用于存储用户登录状态等对安全性要求较高的信息。

为了保证数据的安全性，Session 一般有以下两种存储方式。

（1）使用 Cookie 记录一个随机生成的 session_id，session_id 用于记录 Session 与用户的映射关系，所有数据存储于服务器端，用户无法修改数据。

（2）所有 Session 数据都在服务器端加密，然后存储在浏览器的 Cookie 中，若用户拥有加密算法及密钥，则 Session 数据可以被用户修改。（Flask 默认以这种方式存储 Session。）

以下是一个模拟签到的例子，实现了记录签到时间及次数的功能。

```
import time
from flask import Flask, session

# 在使用 Session 之前，需要初始化'SECRET_KEY'
app.config['SECRET_KEY'] = 'Chapter1'

@app.route('/sign_in')
def sign_in():
    # 设置 Session 持久性存储，关闭浏览器记录不失效
    session.permanent = True

    # 从 Session 获取最后签到时间及签到次数
    sign_in_time_prev = session.get('sign_in_time_prev', '未知')
    sign_in_count = session.get('sign_in_count', 0)

    # 设置 Session，使用方式与 dict 类似
    session['sign_in_time_prev'] = time.strftime('%Y-%m-%d %H:%M:%S')
    session['sign_in_count'] = sign_in_count + 1

    return '你上一次签到的时间是：%s<br/>这是你第%d 次签到' % (sign_in_time_prev,
sign_in_count)
```

访问效果如图 1-4-7 和图 1-4-8 所示，每访问一次页面，签到次数都会加 1。

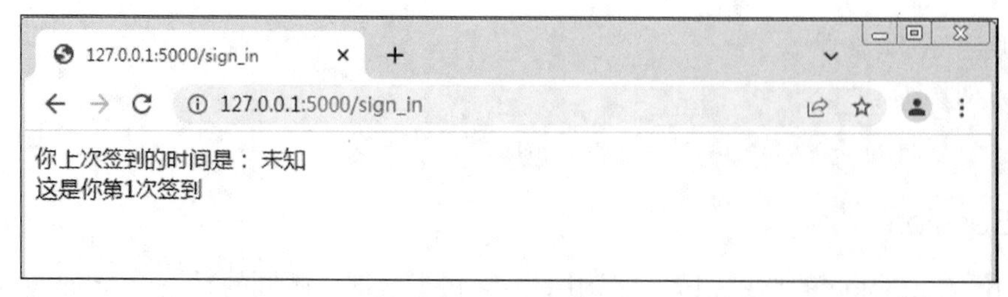

图 1-4-7 初次访问

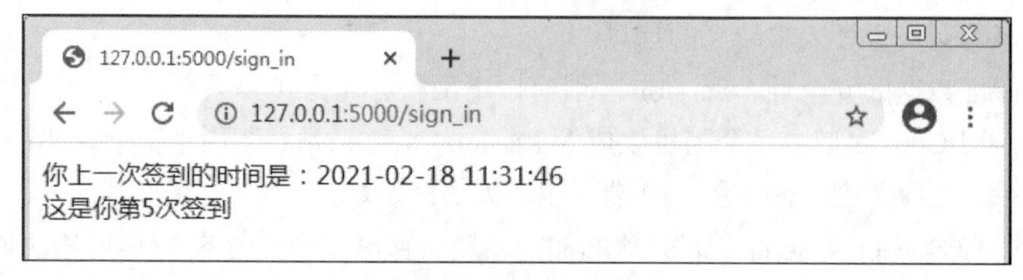

图 1-4-8 多次访问

有了 Session，便可以实现安全的用户状态数据保存，从而实现登录功能。

如果需要手动删除 Session，则需要执行以下代码。

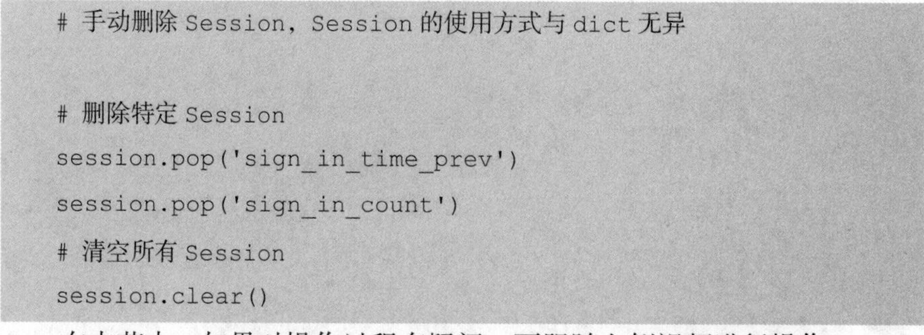

```
# 手动删除 Session，Session 的使用方式与 dict 无异

# 删除特定 Session
session.pop('sign_in_time_prev')
session.pop('sign_in_count')
# 清空所有 Session
session.clear()
```

请求与响应

在本节中，如果对操作过程有疑问，可跟随左侧视频进行操作。

1.5 小结

本章主要讲解了 Flask 开发环境的搭建、简单的应用实例，以及请求与响应的基本操作。以下是本章的完整代码，供有疑问的读者参考。

```
import time

from flask import Flask, request, make_response, session

# 应用的初始化
app = Flask(__name__)
app.config['SECRET_KEY'] = 'Chapter1'
```

```
# 路由与视图函数
@app.route('/')
def hello_world():
    return 'Hello World!'


@app.route('/user/<username>')
def user(username):
    return 'This is %s' % username


@app.route('/info')
def info():
    # 从 request 对象获取用户请求信息
    info_str = '用户 ip：%s<br/>用户浏览器：%s' % (
        request.remote_addr, request.user_agent)

    return info_str


@app.route('/profile')
@app.route('/profile/<username>')
def profile(username=None):
    # 检查用户名是否处于用户列表内
    if username in ['John', 'Bill', 'Hunter', 'Carlos']:
        return 'Name: "%s".' % username
    else:
        return 'User "%s" Not Found.' % username, 404


@app.route('/sign_in')
def sign_in():
    # 设置 Session 持久性存储，关闭浏览器记录不失效
    session.permanent = True

    # 从 Session 获取最后签到时间及签到次数
    sign_in_time_prev = session.get('sign_in_time_prev', '未知')
```

```
    sign_in_count = session.get('sign_in_count', 0)

    # 设置 Session，使用方式与 dict 类似
    session['sign_in_time_prev'] = time.strftime('%Y-%m-%d %H:%M:%S')
    session['sign_in_count'] = sign_in_count + 1

    # 删除特定 Session
    # session.pop('sign_in_time_prev')
    # session.pop('sign_in_count')
    # 清空所有 Session
    # session.clear()

    return '你上一次签到的时间是：%s<br/>这是你第%d 次签到' % (sign_in_time_prev,
sign_in_count)


@app.route('/access')
def access():
    # 从 Cookie 获取最后访问时间
    last_access_time = request.cookies.get('last_access_time', '未知')
    resp = make_response('你最后访问的时间是：%s' % last_access_time)

    # 获取服务器当前时间并设置 Cookie
    last_access_time = time.strftime('%Y-%m-%d %H:%M:%S')
    # max_age 用于设置 Cookie 的有效期（秒）
    resp.set_cookie('last_access_time', last_access_time, max_age=86400)

    # 手动删除 Cookie
    # resp.delete_cookie('last_access_time')

    return resp


# 启动服务器
if __name__ == '__main__':
    app.run(debug=True)
```

1.6 习题

1. 单选题

（1）下列（　　）指令可以正确查看 pip 及 Python 的版本号。

A. pip –v　　B. python –v　　C. pip -V　　D. python -V

（2）下列指令可以正确安装第三方模块的是（　　）。

A. pip require <模块名称>　　B. pip install <模块名称>

C. python -i <模块名称>　　D. python -r <模块名称>

（3）正确打开 Flask 的调试模式的方式是（　　）。

A. app.run(test=True)　　B. app.run(debugger=True)

C. app.run(debug=True)　　D. app.run(bug=True)

（4）正确删除特定 Cookie 数据的方式是（　　）。

A. cookie.pop('<键名>')　　B. cookie.delete_cookie('<键名>')

C. resp.delete_cookie('<键名>')　　D. resp.pop_cookie('<键名>')

（5）设置 Session 数据的方法是（　　）。

A. session.set('<键名>', '<值>')　　B. session['<键名>'] = '<值>'

C. session.<键名> = '<值>'　　D. session.pop('<键名>', '<值>')

2. 判断题

（1）500 状态码意味着响应正常。（　　）

（2）一般情况下，Session 数据可以被用户编辑。（　　）

（3）Cookie 数据可以被服务器端修改。（　　）

（4）Flask 默认将 Session 数据存储在服务器端。（　　）

（5）user-agent 信息从 Cookie 数据获取。（　　）

第2章 Web前端基础

学习目标

- 了解HTML、CSS、JavaScript的作用
- 掌握构建HTML表单的方法
- 掌握Bootstrap网格系统的使用方法

Flask用于实现后端功能，即服务器端的功能；而Web前端是与后端功能交互的用户界面，以便于用户与后端功能进行交互。

2.1 Web前端概述

在Web开发中，如果后端为功能核心，那么前端便是交互外壳。前端知识点主要包含HTML、CSS、JavaScript，这三者贯穿了Web开发的整个流程，需要熟练掌握。

2.2 HTML基础

超文本标记语言（HyperText Markup Language，HTML）不是一种编程语言，而是一种标记语言，仅用于描述网页所包含的内容。

HTML文档的结构分为“头部”与“主体”，“头部”内容（<head>标签对所包含的内容）不会在页面中显示，会在页面中显示的只有“主体”内容（<body>标签对所包含的内容）。

2.2.1 基本语法

本小节介绍HTML的基本语法。

“<xxx></xxx>”为“标签”语句，通常是成对出现。<xxx>为开始标签，</xxx>为结束标签。

“<xxx attr1='test' attr2='test'></xxx>”标签语句中的“attr1”与“attr2”为其“属性”。

“<xxx>test</xxx>”标签语句中的“test”是标签对所包含的“内容”。

在接下来的代码样例中，将会运用到以上内容，读者须熟练掌握。

2.2.2 网页标题

每打开一个网页，浏览器的标题栏文字都会发生变化，而定义这一项内容的标签便是

<title>。<title>标签用于设置网页的标题。接下来，我们来操作一个例子。

首先新建一个空项目，如图 2-2-1 所示。

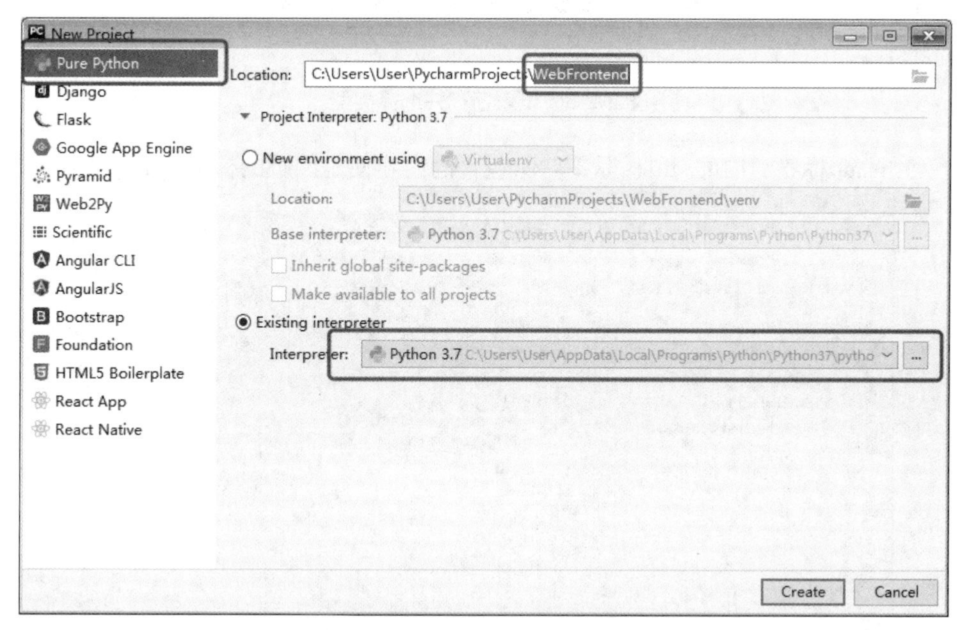

图 2-2-1　新建空 Python 项目

然后，用鼠标右键单击“WebFrontend”，在项目文件中创建一个 HTML 文件，如图 2-2-2 所示。

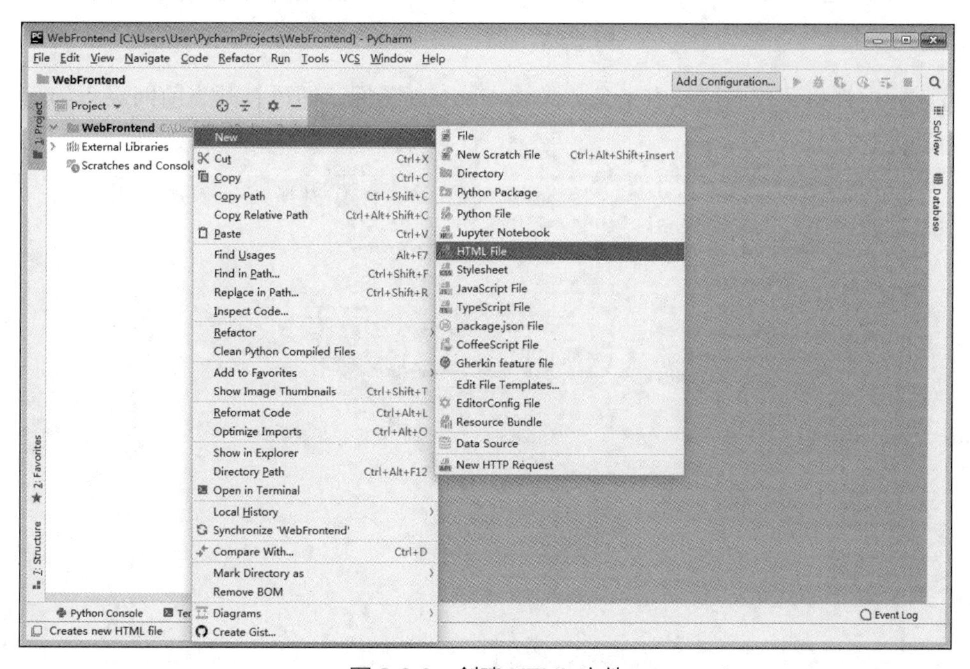

图 2-2-2　创建 HTML 文件

将文件命名为“web_title”（命名可自定义），指定为 HTML5 文件类型，如图 2-2-3 所示。

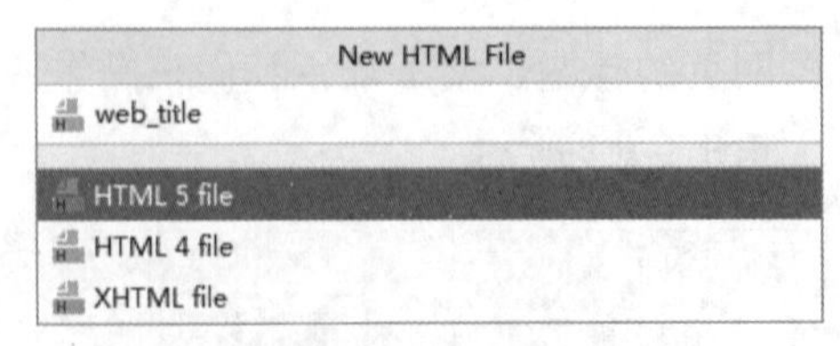

图 2-2-3　设置名称并选择类型

此处<head>标签对内的<title>标签对所包含的内容便是网页的标题，如图 2-2-4 所示。

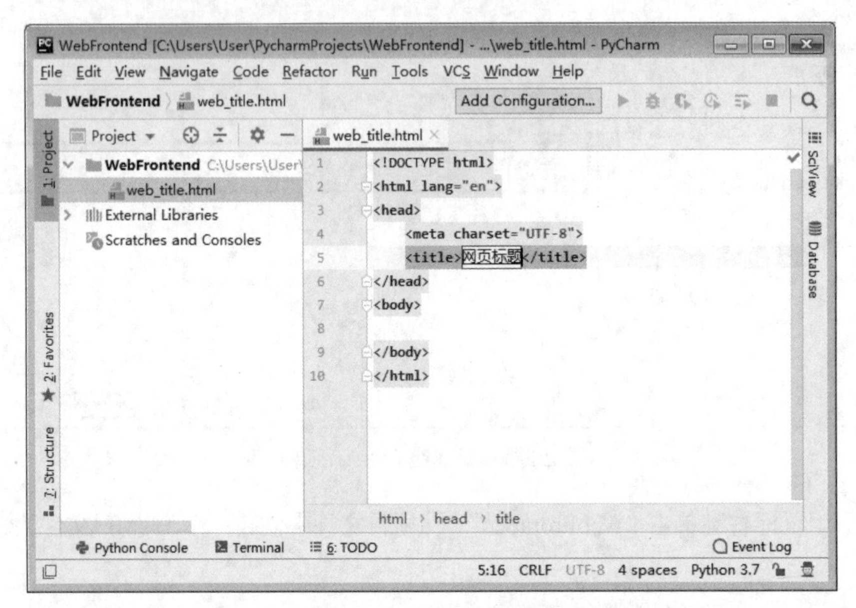

图 2-2-4　网页标题设置

将鼠标指针移到代码区域右上角，单击 Chrome 图标，即可打开当前网页，如图 2-2-5 所示。

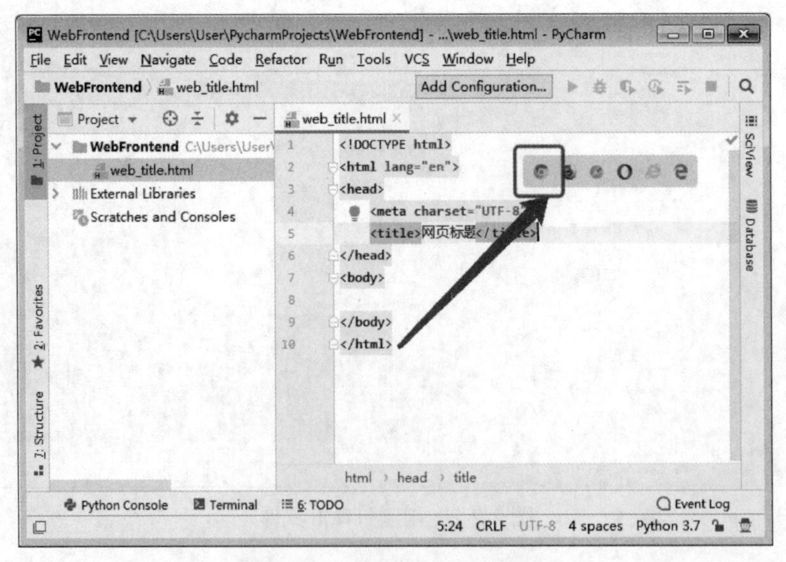

图 2-2-5　单击 Chrome 图标

在浏览页面时，可以看到网页的标题为<title>标签对中的内容，如图 2-2-6 所示。

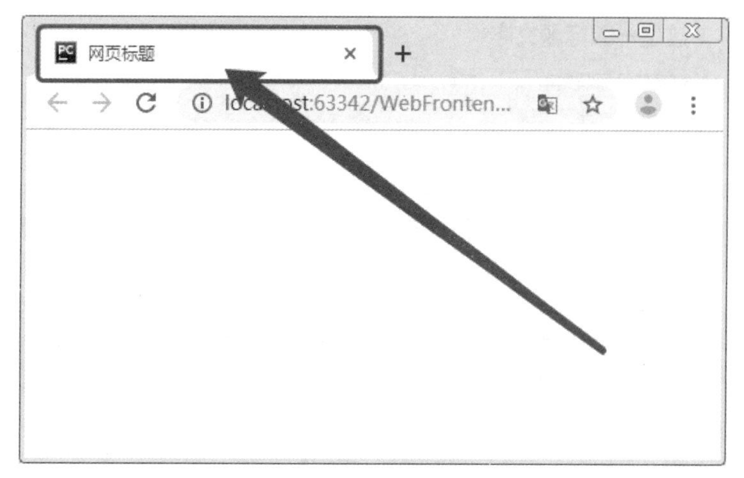

图 2-2-6　网页标题

以下是网页标题设置所使用的代码。

```
<title>网页标题</title>
```

2.2.3　文本、图像、链接

文本、图像、链接是网页中最常见、简单的元素。

1. 文本

文本元素的代码演示如下。（HTML 中<!-- -->标签的两组“--”中所包含的内容为代码注解。）

```
<!-- 文本演示 -->
<h1>这是一级标题文本</h1>
<h2>这是二级标题文本</h2>
<h3>这是三级标题文本</h3>
<h4>这是四级标题文本</h4>
<h5>这是五级标题文本</h5>

<p>这是一个段落。这是一个段落。这是一个段落。这是一个段落。这是一个段落。这是一个段落。这是一个段落。</p>

<!-- <br/>为换行标签 -->
<p>这是一个段落。这是一个段落。这是一个段落。<br/>这是一个段落。这是一个段落。这是一个段落。<br/>这是一个段落。</p>
```

完整的文本演示代码的运行效果如图 2-2-7 所示。

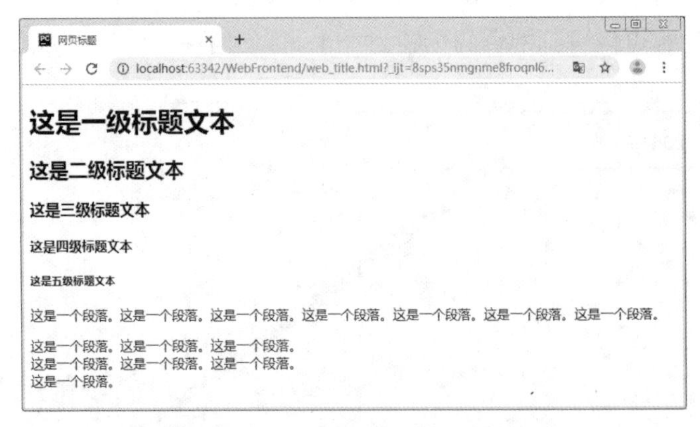

图 2-2-7　文本演示代码的运行效果

2. 图像

图像元素的应用示例如下。

首先创建“static”目录，用于存放静态资源（如图像、视频等），如图 2-2-8 与图 2-2-9 所示。

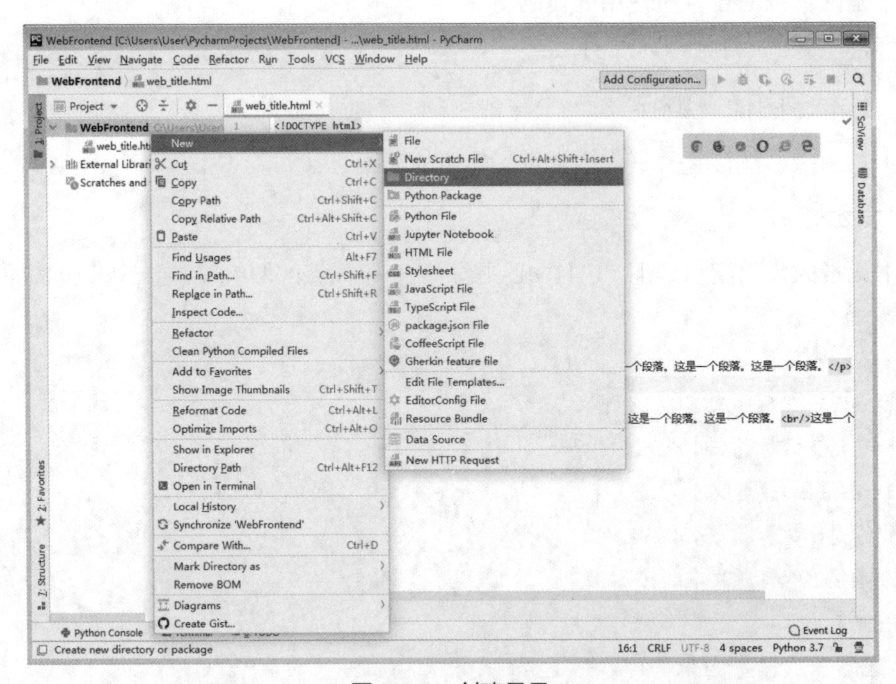

图 2-2-8　创建目录

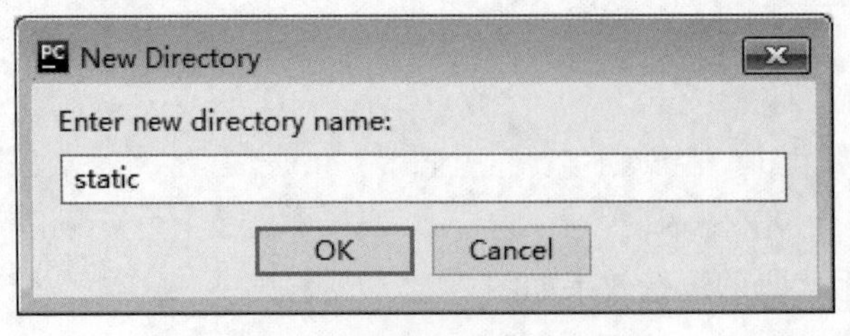

图 2-2-9　将目标命名为“static”

然后将一幅图像文件（常见的 JPG、PNG 格式文件）拖入“static”目录中，如图 2-2-10 所示。

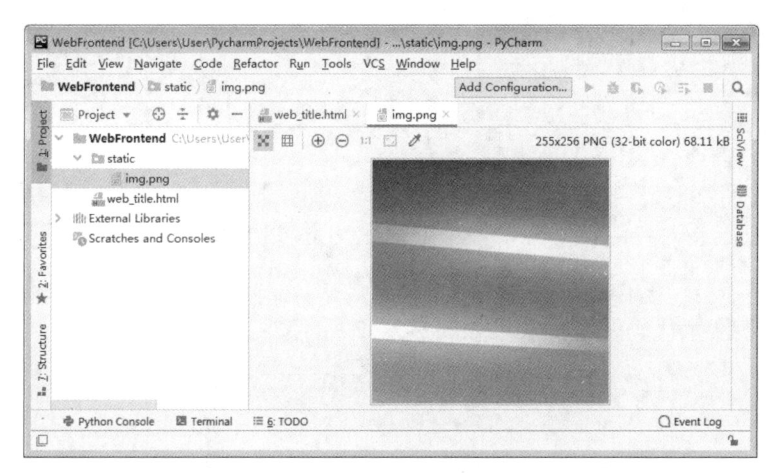

图 2-2-10 添加图像

向<body>标签对内添加以下代码。

```
<!-- 图像演示 -->
<!-- alt 为文字描述，在图像加载失败时显示 -->
<img alt="这是一张图像" src="static/img.png">
```

<img>（图像标签）与文本标签有所不同，图像标签需要添加“src”属性以指向图像所在的位置，由于此处图像名称为“img.png”，所以“src”的相对路径为“static/img.png”。

完整的图像演示代码的运行效果如图 2-2-11 所示。

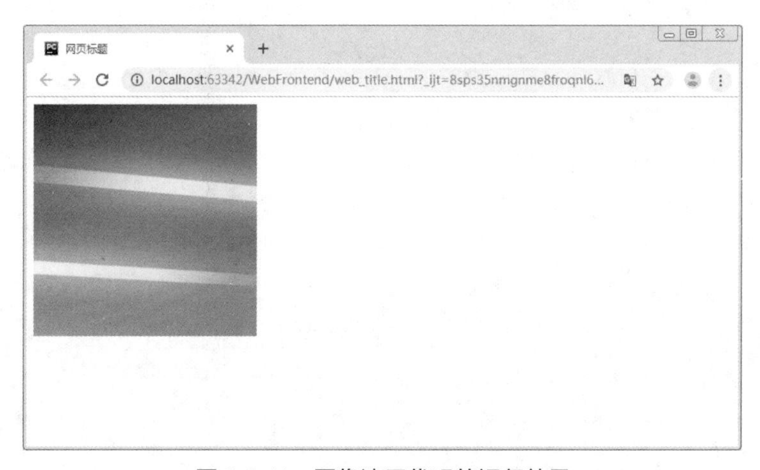

图 2-2-11 图像演示代码的运行效果

3. 链接

<a>（链接标签）与<img>（图像标签）类似，都需要添加属性以指向相应的资源，而链接标签使用“href”属性来定义跳转的链接。

以下是演示代码。

```
<!-- 链接演示 -->
<a href="https://baidu.com">百度</a>
<br/>
<a href="https://baidu.com" target="_blank">百度（新窗口打开）</a>
<br/>
<a href="https://github.com/">
    <!-- 图像链接 -->
    <img alt="github" src="static/img.png">
</a>
```

完整的链接演示代码的运行效果如图 2-2-12 所示。

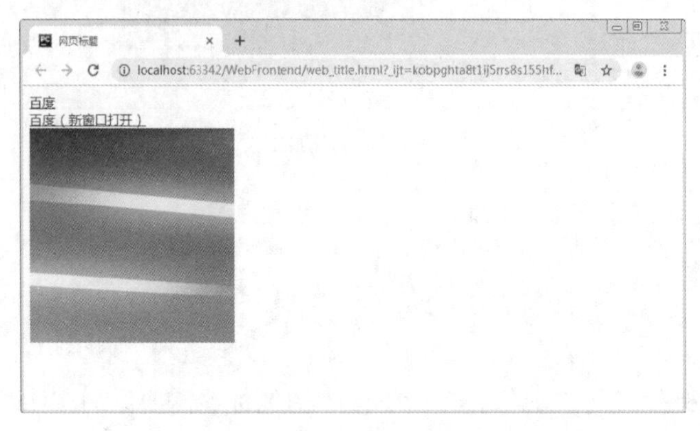

图 2-2-12　链接演示代码的运行效果

单击链接后可跳转到相应的页面。

2.2.4　表格

表格通常用于数据展示页，如后台用户信息展示，相对前面的链接来说更为复杂。表格由多个标签组成，最简单的表格包含<table>（表格标签）、<tr>（表格行标签）、<th>（表格标题列标签）、<td>（表格列标签）。

演示代码如下所示。

```
<!-- 表格演示 -->
<table>
    <tr>
        <th>id</th>
        <th>用户名</th>
        <th>邮箱</th>
        <th>操作</th>
    </tr>
    <tr>
        <td>1</td>
```

```
            <td>John</td>
            <td>john@gmail.com</td>
            <td>
                <a href="#">编辑</a>
                <a href="#">删除</a>
            </td>
        </tr>
        <tr>
            <td>2</td>
            <td>Bill</td>
            <td>bill@hotmail.com</td>
            <td>
                <a href="#">编辑</a>
                <a href="#">删除</a>
            </td>
        </tr>
        <tr>
            <td>3</td>
            <td>Carlos</td>
            <td>carlos@qq.com</td>
            <td>
                <a href="#">编辑</a>
                <a href="#">删除</a>
            </td>
        </tr>
    </table>
```

在<a>标签中的“href”属性填写“#”可以实现定位功能，此处仅填写“#”，用于创建空链接，以模拟真实链接。

完整的表格演示代码的运行效果如图 2-2-13 所示。

图 2-2-13　表格演示代码的运行效果

2.2.5 表单

前面所演示的标签都是仅用于展示内容的，没有办法与用户进行交互（如用户输入）。本小节介绍的表单输入标签则用于承载用户输入、提交输入数据到服务器、实现用户交互所必需的基础内容。

通常情况下，所有的表单输入标签都需要为<form>标签对所包含，而常见的表单输入标签有<input>标签（基本输入，其中包含文本输入、密码输入、电话号码输入、邮箱输入、单选项、复选框等）、<textarea>（多行文本）标签、<select>（下拉列表）标签、<button>（按钮）标签。

所有常用表单输入标签的使用方式如以下代码所示。

```
<!-- action 属性值为表单提交到的页面位置，留空则为当前页面 -->
<form action="" method="post">
    <h1>用户信息表单</h1>

    <!-- 单行文本输入 -->
    <label for="input-username">用户名</label>
    <input type="text" name="username" id="input-username" required>
    <br/>

    <!-- 密码文本输入 -->
    <label for="input-password">密码</label>
    <input type="password" name="password" id="input-password" required>
    <br/>

    <!-- 数字输入 -->
    <label for="input-age">年龄</label>
    <input type="number" name="age" id="input-age" placeholder="请输入年龄（选填）">
    <br/>

    <!-- 电话号码输入 -->
    <label for="input-phone">电话</label>
    <input type="tel" name="phone" id="input-phone" placeholder="请输入电话号码（选填）">
    <br/>

    <!-- 电子邮箱输入 -->
    <label for="input-email">邮箱</label>
```

```
        <input type="email" name="email" id="input-email" placeholder="请输入
邮箱（选填）">
        <br/>

        <!-- 多行文本输入 -->
        <label for="input-introduce">自我介绍</label>
        <textarea name="introduce" id="input-introduce" placeholder="请输入自
我介绍（选填）"></textarea>
        <br/>

        <!-- 下拉列表 -->
        <label for="input-education">学历</label>
        <select id="input-education">
            <option value="0">保密</option>
            <option value="1">中专</option>
            <option value="2">高中</option>
            <option value="3">大专</option>
            <option value="4">本科及以上</option>
        </select>
        <br/>

        <!-- 单选项 -->
        <label for="input-sex">性别</label>
        <input type="radio" name="sex" id="input-sex-male">
        <label for="input-sex-male">男</label>

        <input type="radio" name="sex" id="input-sex-female">
        <label for="input-sex-female">女</label>
        <br/>

        <!–复选框 -->
        <label>特长</label>
        <input type="checkbox" name="soft" id="input-skill-soft">
        <label for="input-skill-soft">软件开发</label>

        <input type="checkbox" name="server" id="input-skill-server">
        <label for="input-skill-server">系统运维</label>
```

```
        <input type="checkbox" name="safe" id="input-skill-safe">
        <label for="input-skill-safe">网络安全</label>
        <br/>

        <button type="submit">保存</button>
        <button type="reset">重置</button>
</form>
```

在上述代码中，<form>标签中的“method”属性决定了表单的提交方式，“method”属性值可以指定为“get”或“post”。

GET 方式所提交的表单数据会在页面地址栏中显示出来，因此不安全。此方式通常用于提交一些不敏感的数据（在 Flask 中更推荐以 URL 参数方式传递）。地址栏中表单数据的示例如下。

```
/article?id=1
```

POST 方式所提交的表单数据不会在页面地址栏中显示，因此比较安全。此方式通常用于提交一些包含敏感信息的数据（如密码）。

<input>标签包含了绝大部分常用的控件，可以通过“type”属性来设置控件的类型。“name”属性用于对提交到服务器后的表单数据进行标识，即设置数据处于表单中的哪个“键”，“placeholder”属性可用于显示提示信息。而“id”属性比较特殊，其作用是标注标签，相当于 Python 中的变量名；且“id”属性在大部分 HTML 标签中都可以使用，不限定于表单输入标签。

完整的表单演示代码的运行效果如图 2-2-14 所示。

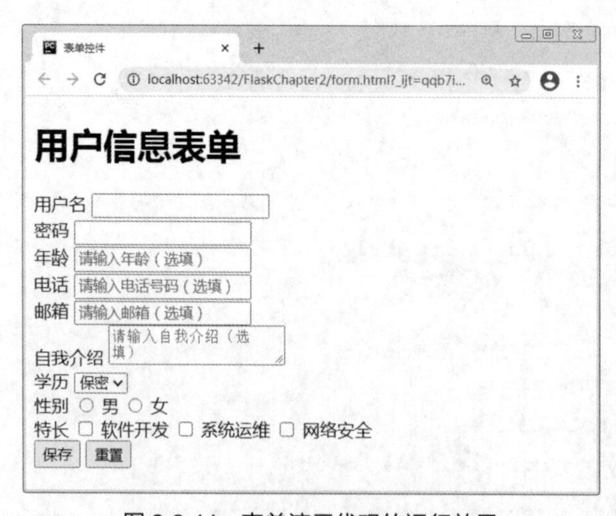

图 2-2-14　表单演示代码的运行效果

2.2.6　CSS 调整样式

在之前的各种演示例子中，存在控件的位置看起来不美观、颜色不好看等问题，这些问题便是“样式”问题。

层叠样式表（Cascading Style Sheets，CSS）便是这些问题的解决方案。

CSS 可以修改页面的排版，控件的颜色、边框、间距等一系列属性，CSS 通常有以下 3 种使用方式。

（1）在网页头部使用<style>标签定义样式。

（2）在网页头部使用<link>标签，从其他位置引入 CSS 样式文件。

（3）在标签中添加“style”属性，编写 CSS 语句。

以下是一个 CSS 综合应用简单实例。

编写 static/test.css 文件的内容如下。

```
/* 获取所有 class 为 h-test 的控件，并对其应用样式 */
/* hover 状态指定了控件只有在鼠标指针悬停时应用样式 */
.h-test:hover {
     background: #5cb85c;
}
```

网页文件内容如下。

```
<!DOCTYPE html>
<html lang="en">
<head>
    <meta charset="UTF-8">
    <title>CSS</title>
    <!-- 在网页头部应用样式表 -->
    <style>
         /* 使用 id 获取控件，并应用样式 */
         #p-test {
             background-color: #5bc0de;
             float: top;
         }
         /* 获取<body>标签下的所有控件，并应用样式 */
         body * {
             border: 1px solid black;
             margin: 0;
             padding: 0;
         }
    </style>
    <!-- 从文件中应用样式表 -->
    <link href="static/test.css" rel="stylesheet">
</head>
```

```
    <body>
    <p id="p-test">这是一个段落。这是一个段落。这是一个段落。这是一个段落。这是一个段落。
这是一个段落。这是一个段落。</p>
    <!-- 从"style"属性中应用样式 -->
    <p style="float: left;">这是一个段落。这是一个段落。这是一个段落。<br/>这是一个段
落。这是一个段落。这是一个段落。<br/>这是一个段落。</p>
    <img alt="这是一张图片" src="static/img.png" style="float: right">
    <div style="position: relative; top: 128px; float: left">
        <!-- class 属性用于对控件进行分类，以便使用 CSS、JavaScript 获取 -->
        <h1 class="h-test">这是一级标题文本</h1>
        <h2 class="h-test">这是二级标题文本</h2>
        <h3 class="h-test">这是三级标题文本</h3>
        <h4 class="h-test">这是四级标题文本</h4>
        <h5 class="h-test">这是五级标题文本</h5>
    </div>
    </body>
    </html>
```

CSS 综合应用实例的效果如图 2-2-15 所示。

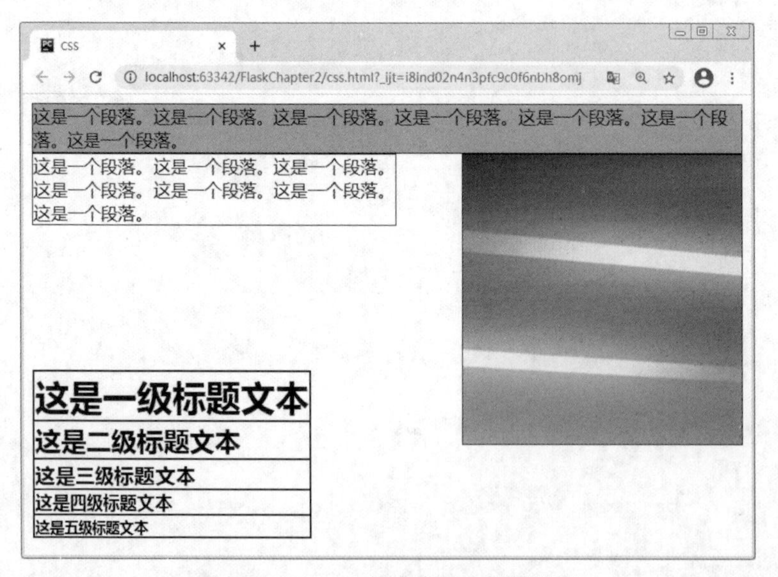

图 2-2-15　CSS 综合应用实例的效果

以上仅是一个简单的样式应用，CSS 能做到的远不止如此，有兴趣的读者可以自行了解。在接下来的内容中，将不再说明 CSS，读者大致理解即可。

2.2.7　JavaScript 绑定事件

HTML 控件的应用实现了对网页的基本描述，CSS 的应用实现了对网页控件的布局、

上色等，而 JavaScript 则可以实现网页控件在浏览器端与用户的交互。

HTML 表单在没有 JavaScript 相关代码的情况下，只能与服务器进行交互；在有了 JavaScript 相关代码后，很多用户操作都可以不经过服务器，直接根据事先设计好的前端逻辑，由浏览器实现与用户的交互。

JavaScript 通常用于对用户输入进行本地校验，对不符合规则的输入进行提示；JavaScript 还可用于实现控件之间的交互、播放控件动画、加载表单数据、异步加载页面等，其功能十分强大。

以下是一个用户注册页面，代码如下所示。

```
<!DOCTYPE html>
<html lang="zh">
<head>
    <meta charset="UTF-8">
    <title>JavaScript</title>
</head>
<body>

<!--
此处使用<form>标签的 "onsubmit" 事件属性，实现事件与函数的绑定。
当表单提交事件触发时，将执行函数进行验证，如果返回 true 则正常提交表单，如果返回 false
则取消提交表单
-->
<form action="" method="post" onsubmit="return form_submit()">
    <h1>用户注册</h1>

    <label for="input-username">用户名</label>
    <input type="text" name="username" id="input-username" required>
    <br/>

    <label for="input-password">密码</label>
    <input type="password" name="password" id="input-password" required>
    <br/>

    <button type="submit">注册</button>
</form>

<script>
     function form_submit() {
```

```
            let input_username = document.getElementById('input-username');
            let input_password = document.getElementById('input-password');

            if (input_username.value.length < 5) {
                alert('用户名长度不能小于 5');
                return false;
            }
            if (input_password.value.length < 8) {
                alert('密码长度不能小于 8');
                return false;
            }

            return true;
        }
    </script>
    </body>
    </html>
```

如上面的代码所示，JavaScript 代码被<script>标签对所包含。当用户单击“注册”按钮时（提交表单），会触发 onsubmit 事件。在这个例子中，当用户输入了不符合长度要求的用户名或密码，单击“注册”按钮时，将会出现提示，并且表单无法提交。

用户注册页面效果如图 2-2-16 所示。

图 2-2-16　用户注册页面效果

JavaScript 代码也可以从外部文件加载，如同 CSS 一般，通过“src”属性进行获取，以下是加载外部 JavaScript 代码所使用的代码。

```
<script src="static/xxx.js"></script>
```

注意：通常 JavaScript 代码放置于<body>标签对最底部（最后加载）。

JavaScript 十分强大，能实现的功能也远不止如此，但由于 JavaScript 与 CSS 均不为本书的内容重点，所以有兴趣的读者可以自行了解。在接下来的内容中，JavaScript 亦将不再说明，读者大致理解即可。

在本节中，如果对操作过程有疑问，可跟随右侧视频进行操作。

HTML 基础

2.3 Bootstrap 前端框架

Bootstrap 是目前最受欢迎的前端框架之一。Bootstrap 基于 HTML、CSS、JavaScript 开发，其简洁灵活的特性使 Web 开发更加快捷。

2.3.1 Bootstrap 的使用

本小节基于 Bootstrap 3.3.7 进行演示。

首先下载本书提供的 Bootstrap 静态文件（当然，也可以到 Bootstrap 官网找到相应版本的资源文件进行下载），并将其放入 “static” 目录，然后引入 Bootstrap 所依赖的静态资源，代码如下所示。

在<head>标签对中添加以下内容。

```
<link rel="stylesheet" href="static/bootstrap.min.css">
```

在<body>标签对尾部添加以下内容。

```
<script src="static/jquery.min.js"></script>
<script src="static/bootstrap.min.js"></script>
```

此时，Bootstrap 就可以正常使用了。

2.3.2 网格系统

前面几个简单例子的效果样式看起来可能有些别扭，这是因为前面所设置的控件大小、比例都不够合理。为了解决这个难题，Bootstrap 提供了一套网格系统。

以下是网格系统的演示代码。

```
<!DOCTYPE html>
<html lang="zh">
<head>
    <meta charset="UTF-8">
    <title>Bootstrap - 网格系统</title>
    <link rel="stylesheet" href="static/bootstrap.min.css">
    <style>
        .box {
            box-shadow: inset 1px -1px 1px #444, inset -1px 1px 1px #444;
```

```
            }
        </style>
    </head>
    <body>
    <!-- 所有行（row）都需要放置于容器（container）内，以便获得合适的位置及尺寸 -->
    <div class="container">
        <h1>使用 Bootstrap 网格系统进行排版</h1>
        <!-- 以 class 为 row 的 div 划分每一行 -->
        <div class="row">
            <!--
                    以 class 为 col-aa-bb 的 div 划分每一行中的每一列（最多可划分 12 列）。
                    此处 aa 可以为 xs（超小型设备）、sm（小型设备）、md（中型设备）、lg（大
型设备），添加多个样式可使网格系统适应不同尺寸的任意设备。
                    此处 bb 可以为 1 ~ 12 的任意数字，这意味着可以将 12 列的大小划分成任意等
份（参考以下样例）
            -->
            <div class="col-md-3 box" style="background-color: #dedef8;">
                <h4>第一列</h4>
                <p>
                    这是一段文字。这是一段文字。这是一段文字。这是一段文字。
                </p>
            </div>

            <div class="col-md-9 box" style="background-color: #dedef8;">
                <h4>第二列——分为 4 个盒子</h4>
                <div class="row">
                    <div class="col-md-6 box" style="background-color: #B18904;">
                        <p>
                            这是一段文字。这是一段文字。这是一段文字。这是一段文字。
                        </p>
                    </div>
                    <div class="col-md-6 box" style="background-color: #B18904;">
                        <p>
                            这是一段文字。这是一段文字。这是一段文字。这是一段文字。
                            这是一段文字。这是一段文字。这是一段文字。这是一段文字。
                            这是一段文字。这是一段文字。这是一段文字。这是一段文字。
                        </p>
```

```
                    </div>
                </div>

                <div class="row">
                    <div class="col-md-6 box" style="background-color: #B18904;">
                    <p>
                        这是一段文字。这是一段文字。这是一段文字。这是一段文字。
                        这是一段文字。这是一段文字。这是一段文字。这是一段文字。
                    </p>
                </div>
                <div class="col-md-6 box" style="background-color: #B18904;">
                    <p>
                        这是一段文字。这是一段文字。这是一段文字。这是一段文字。
                        这是一段文字。这是一段文字。这是一段文字。这是一段文字。
                        这是一段文字。这是一段文字。这是一段文字。这是一段文字。
                    </p>
                </div>
            </div>
        </div>
    </div>
</div>

<script src="static/jquery.min.js"></script>
<script src="static/bootstrap.min.js"></script>
</body>
</html>
```

网格系统演示代码在不同尺寸设备的窗口中的运行效果如图 2-3-1～图 2-3-4 所示。

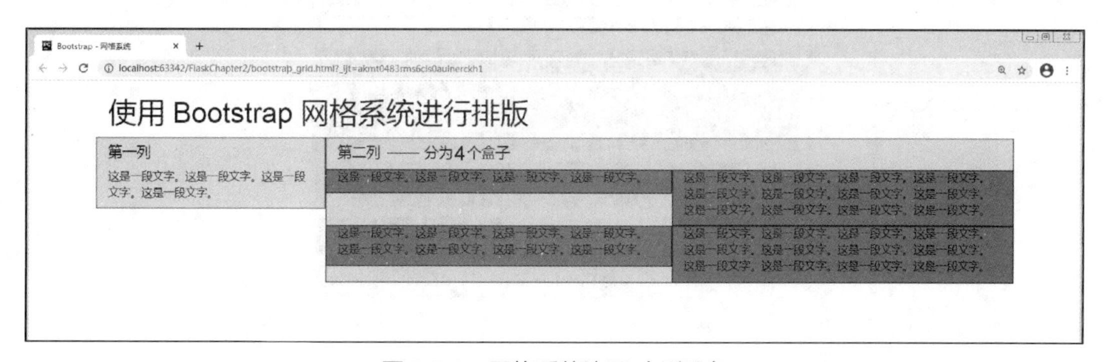

图 2-3-1　网格系统演示-大型设备

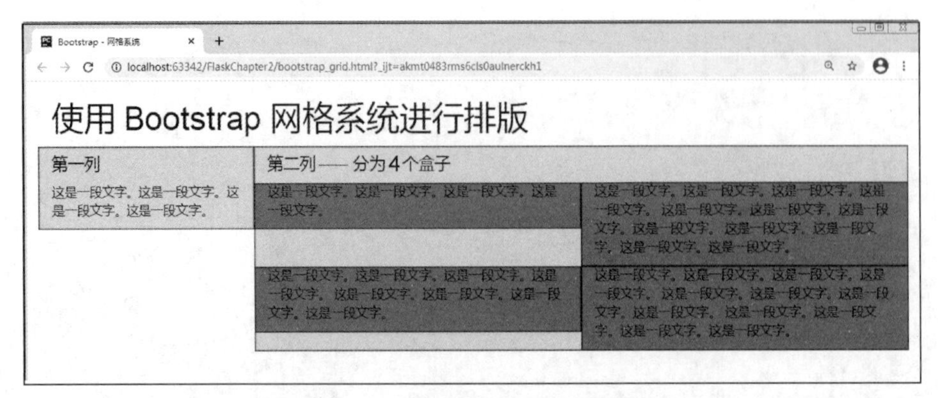

图 2-3-2　网格系统演示-中型设备

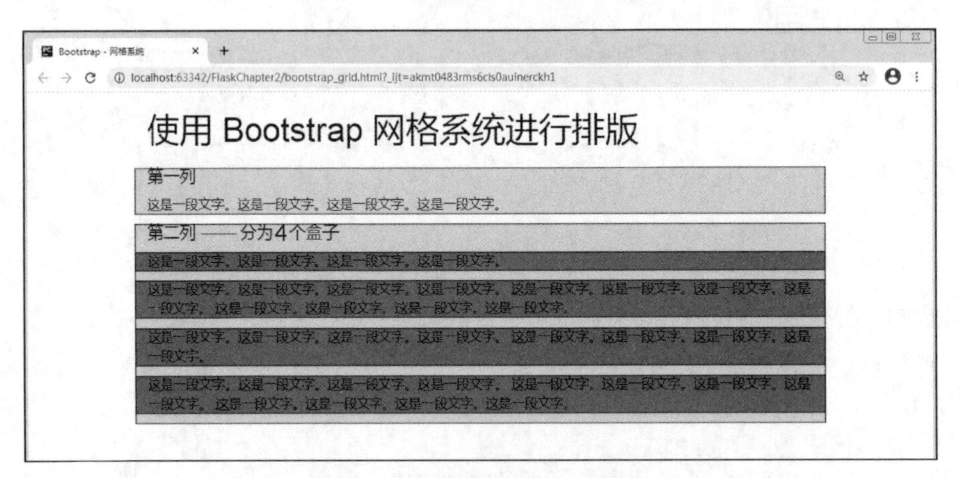

图 2-3-3　网格系统演示-小型设备

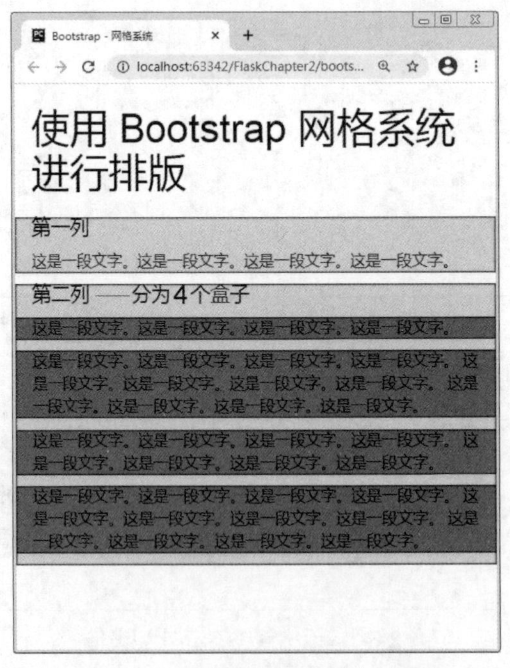

图 2-3-4　网格系统演示-超小型设备

从图可以看出，使用网格系统布局的文本相比于前面的例子显得更加规整，而且可以自动适配不同分辨率的设备。所以通常情况下，我们直接使用 Bootstrap 网格系统提供的样式进行布局，避免手动进行 CSS 设置。

2.3.3 表单美化

回顾 2.2.5 小节中设计的表单，如图 2-2-14 所示。

再来看看使用 Bootstrap 布局后的表单，如图 2-3-5 所示。

Bootstrap - 表单
localhost:63342/WebFrontend/bootstrap_form.html?_ijt=f7ol4j82v369vs1...

用户信息表单

用户名

密码

年龄
请输入年龄（选填）

电话
请输入电话号码（选填）

邮箱
请输入邮箱（选填）

自我介绍
请输入自我介绍（选填）

学历
保密

性别
男 女

特长
软件开发
系统运维
网络安全

保存 重置

图 2-3-5　Bootstrap 布局后的表单

经过对比，显然应用了 Bootstrap 布局的表单更加规整。虽然当前表单项目的比例并不合理，但是通过简单调整便可得到比例合理的表单页面。而在之前的例子中，不使用 Bootstrap 布局，单纯使用 CSS 调整，便需要投入大量的时间与人力。

以下是 Bootstrap 布局表单的实现代码。

```
<!DOCTYPE html>
<html lang="zh">
<head>
    <meta charset="UTF-8">
```

```
        <title>Bootstrap - 表单</title>

        <link rel="stylesheet" href="static/bootstrap.min.css">

        <!-- 用于调整单选项及复选框的文字位置 -->
        <style>
            .checkbox, .radio {
                padding-left: 20px;
            }

            .checkbox-inline, .radio-inline {
                padding-right: 128px;
            }

            .checkbox label, .radio label, .checkbox-inline label,
.radio-inline label {
                position: relative;
                padding-left: 5px;
                padding-top: 10px;
            }
        </style>
    </head>
    <body>
    <div class="container">
        <!-- 使用 Bootstrap 表单功能时，需要为表单元素添加属性 role="form" -->
        <form action="" method="post" role="form">
            <h1>用户信息表单</h1>

            <!--
                以下每一个输入控件都需要单独放置于 class 为 form-group 的 div 中，
以获取最佳间距。
                同时，不再需要使用<br/>标签换行。
                并且需要为每一个输入控件添加 form-control 的 class 属性值，以应用
Bootstrap 布局
            -->
            <div class="form-group">
                <label for="input-username">用户名</label>
```

```
                <input type="text" name="username" id="input-username" class=
"form-control">
            </div>

            <div class="form-group">
                <label for="input-password">密码</label>
                <input type="password" name="password" id="input-password"
class="form-control">
            </div>

            <div class="form-group">
                <label for="input-age">年龄</label>
                <input type="number" name="age" id="input-age"
class= "form-control">
            </div>

            <div class="form-group">
                <label for="input-phone">电话</label>
                <input type="tel" name="phone" id="input-phone"
class="form-control">
            </div>

            <label for="input-email">邮箱</label>
            <input type="email" name="email" id="input-email"
class="form-control">
            <div class="form-group"></div>

            <div class="form-group">
                <label for="input-introduce">自我介绍</label>
                <textarea name="introduce" id="input-introduce"
class="form-control"></textarea>
            </div>

            <div class="form-group">
                <label for="input-education">学历</label>
                <select id="input-education" class="form-control">
                    <option value="0">保密</option>
```

```
                    <option value="1">中专</option>
                    <option value="2">高中</option>
                    <option value="3">大专</option>
                    <option value="4">本科及以上</option>
                </select>
            </div>

            <label for="input-sex">性别</label>
            <div class="form-group">
                <!-- 将 class 属性的值 radio 改为 radio-inline 可实现横向分布 -->
                <div class="radio-inline">
                    <input type="radio" name="sex" id="input-sex-male" class=
"form-control">
                    <label for="input-sex-male">男</label>
                </div>
                <div class="radio-inline">
                    <input type="radio" name="sex" id="input-sex-female"
class="form-control">
                    <label for="input-sex-female">女</label>
                </div>
            </div>

            <label>特长</label>
            <div class="form-group">
                <div class="checkbox">
                    <input type="checkbox" name="soft" id="input-skill-soft"
class="form-control">
                    <label for="input-skill-soft">软件开发</label>
                </div>
                <div class="checkbox">
                    <input type="checkbox" name="server" id="input-skill-
server" class="form-control">
                    <label for="input-skill-server">系统运维</label>
                </div>
                <div class="checkbox">
                    <input type="checkbox" name="safe" id="input-skill-safe"
class="form-control">
```

```
                <label for="input-skill-safe">网络安全</label>
            </div>
        </div>

        <!--
            按钮控件需要添加 class 属性值 btn，不同颜色的按钮可以使用 btn-xx 形式的 class 属性值。
            此处 xx 可为 default 、primary 、success 、info、 warning、 danger
        -->
        <button type="submit" class="btn btn-primary">保存</button>
        <button type="reset" class="btn btn-danger">重置</button>
    </form>
</div>

<script src="static/jquery.min.js"></script>
<script src="static/bootstrap.min.js"></script>
</body>
</html>
```

Bootstrap前端框架

在本节中，如果对操作过程有疑问，可跟随右侧视频进行操作。

2.4 小结

本章主要讲解了 HTML、CSS、JavaScript 的作用及其基本用法，以及 Bootstrap 前端框架的基本使用方法。

2.5 习题

1. 单选题

（1）下列标签代码编写正确的是（　　）。

A. <a src="/login">　　B. <link src="/common.css">

C. <img src="/bg.jpg">　　D. <script href="/common.js">

（2）下列标签在页面中不可见的是（　　）。

A. <img>　　B. <input>　　C. <table>　　D. <div>

（3）能在 CSS 中选取 class 为 item 的元素是（　　）。

A. .item　　B. #item　　C. item　　D. @item

（4）要使 PC 端显示 4 列元素，而手机端只显示 2 列元素，需要绑定样式（　　）。

A. col-md-4 col-sm-2　　B. col-md-3 col-sm-6

C. col-sm-8 col-md-10　　D. col-dm-4 col-ms-2

（5）使用 JavaScript 拦截表单提交，需要绑定（　　）事件。

A. onsubmit　　B. onclick　　C. onload　　D. onchange

2. 判断题

（1）在<p>标签中可以使用“\n”进行换行。(　　)

（2）链接属于表单输入标签。(　　)

（3）Bootstrap 中网格系统会将页面分为 12 列。(　　)

（4）<input>标签中“type=checkbox”可以使控件作为单选项使用。(　　)

（5）修改元素 CSS 中的“background”属性，可以改变文字颜色。(　　)

第3章 使用灵活的模板

学习目标

- 了解静态网页与动态网页的区别
- 掌握 Jinja2 模板引擎的使用方法
- 掌握 Flask-Bootstrap 的使用方法

一个完整的网站在每一个页面中，都会存在很多公共内容，如首页、文章页都会包含导航栏、页尾。如果所有页面都以硬编码（固定）方式编写，当需要修改每一个页面中的公共内容时，便需要耗费大量的人力资源。而模板便是以上问题的解决方案。

3.1 模板简介

通常情况下，静态资源指一些不会改动的内容，如 HTML 页面（静态网页），CSS 样式文件，图像、声音等其他媒体资源。

相对地，在网页中也有许多会变动的内容，如文章页面中每一篇文章都是不同的，由程序所生成，这便是动态网页。而在这些文章页面中，所有页面都是基于同样的结构，这个网页结构便是模板。

3.2 Jinja2 模板引擎

模板的作用是内容注入、页面继承与包含，而 Jinja2 模板引擎实现了一套完善的解决方案。

在使用模板时，所有静态资源应放置在“static”资源目录下，模板页面应放置在“templates”模板目录下。

3.2.1 使用模板

首先，在“templates”模板目录下创建一个模板页面文件，如图 3-2-1 所示。

模板也相当易于使用。在视图函数中，调用模板渲染函数便可生成页面，以下是代码演示。

```
from flask import Flask, render_template

@app.route('/value')
def value(username=None):
    return render_template('value.html')
```

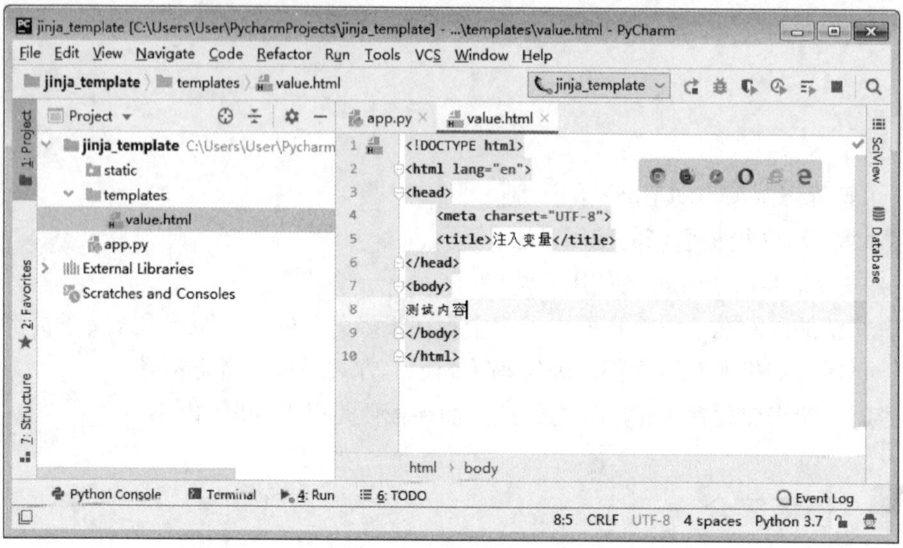

图 3-2-1　创建模板页面

此时访问视图函数对应的页面，如图 3-2-2 所示。

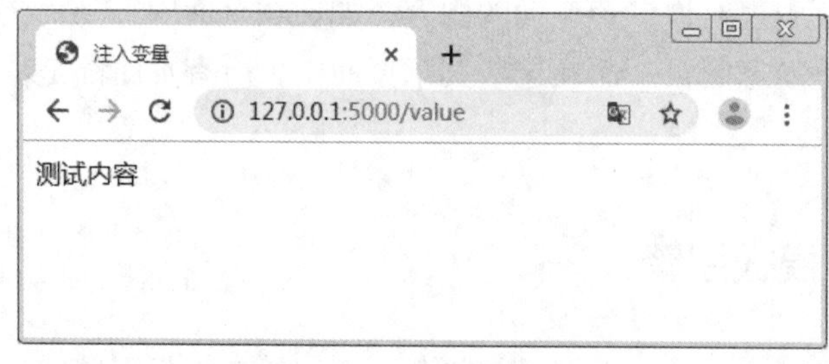

图 3-2-2　模板页面的效果

3.2.2　基本语法

以下是 3 种基本语法，在接下来的代码中将会经常出现。

（1）“{% ... %}”为“控制”语句，常用于实现结构控制，定义模板、变量等。

（2）“{{ ... }}”为“表达式”语句，常用于输出变量，调用宏指令、对象函数等。

（3）“{# ... #}”为“注释”语句，用于添加代码注解。

3.2.3　注入变量

如果只是加载模板，那么网页呈现出的效果其实是与静态页面无异的。要实现动态网页，需要根据不同的情况显示不同的内容，这个过程便是注入变量。

注入变量的过程通常分为两步，首先，在视图函数中注入变量，示例代码如下。

```
@app.route('/value')
@app.route('/value/<string:username>')
def value(username=None):
    return render_template('value.html', username=username)
```

其次，如果需要将变量显示到页面中，则需要在模板文件中使用“表达式”语句输出变量，示例代码如下。

```
<!DOCTYPE html>
<html lang="zh">
<head>
    <meta charset="UTF-8">
    <title>注入变量</title>
</head>
<body>
    {# 在"表达式"语句中，可使用"or"为变量添加默认值 #}
    <h1>{{ username or '游客'}}</h1>
    <h2>欢迎使用!!! </h2>
</body>
</html>
```

访问页面的效果如图 3-2-3 和图 3-2-4 所示。

图 3-2-3　注入变量演示（无 username）

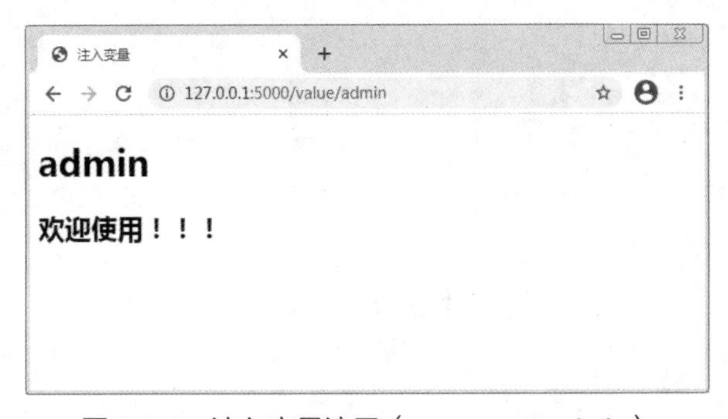

图 3-2-4　注入变量演示（username=admin）

3.2.4 生成链接

在 Flask 构建的网站中，每一个功能都对应一个视图函数。如果需要将不同的页面联系起来，便需要使用链接标签。在通常情况下，链接标签中所对应的链接可以在模板中使用函数 url_for()生成。

以下是 url_for()函数常见的几种用法。

```
<!-- 生成静态文件链接 -->
<link rel="stylesheet" href="{{ url_for('static', filename='bootstrap.min.css') }}">

<!-- 生成路由链接 -->
<a href="{{ url_for('value') }}">
    注入变量演示
</a>

<!-- 生成路由链接（带参数） -->
<a href="{{ url_for('value', username='admin') }}">
    注入变量演示（username=admin）
</a>
```

3.2.5 控制结构

以下是一个文章列表的视图函数。

```
@app.route('/control')
@app.route('/control/<int:num>')
def control(num=0):
    # 此处使用 list 模拟文章列表
    articles = []
    for i in range(1, num + 1):
        articles.append({
            'title': '文章%d 标题' % i,
            'content': ('文章%d 的内容 ' % i) * i,
        })
    return render_template('control.html', num=num, articles=articles)
```

从上述代码可以看出，参数 num 用于控制文章列表（模拟）的文章数量，在生成文章列表之后，将其注入模板中进行显示。

文章列表页模板（control.html）的代码如下。

```
<!DOCTYPE html>
<html lang="zh">
```

```
<head>
    <meta charset="UTF-8">
    <title>控制结构</title>
</head>
<body>
<h1>文章列表</h1>
{% if num <= 0 %}
    <h2>文章数量为 0，没有内容可展示。</h2>
{% else %}
    {% for article in articles %}
        <h2>{{ article.title }}</h2>
        <p>{{ article.content }}</p>
    {% endfor %}
{% endif %}
</body>
</html>
```

上述代码是 if 与 for 语句的基本使用方式的简单例子。如果仔细观察，会发现这些语句与 Python 的控制语句相似，同时又类似于 HTML 标签，需要使用“{% end××× %}”语句，对前面的控制语句进行闭合。

访问页面的效果如图 3-2-5 和图 3-2-6 所示。

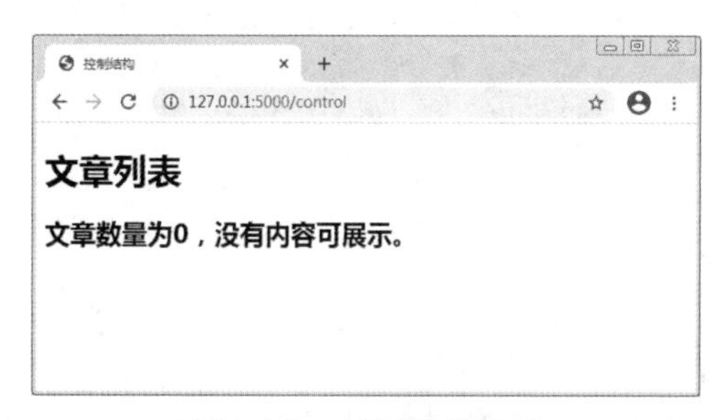

图 3-2-5　控制结构演示

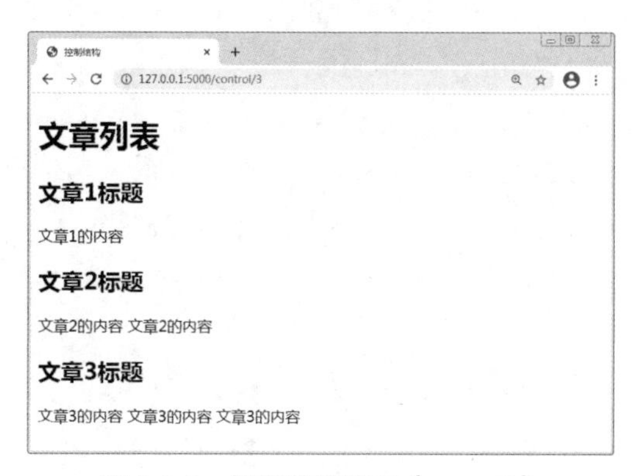

图 3-2-6　控制结构演示（num=3）

3.2.6 模板的包含与继承

前文提到，模板可以用于解决公共内容的冗余问题。例如，将公共部分的内容分离到一个单独的文件，再将模板加载到需要使用的页面中。如果按这种模式进行开发，在修改公共部分内容时，仅需要修改公共部分内容所处的文件，即可修改所有使用公共部分内容的页面，大大缩短了修改各个页面的时间。

以下是一个简单的模板包含的例子。

```
<!DOCTYPE html>
<html lang="zh">
<head>
    <meta charset="UTF-8">
    <title>模板包含演示</title>
    <link rel="stylesheet" href="{{ url_for('static', filename= 'bootstrap.
min.css') }}">
</head>
<body>
{% include 'include_nav.html' %}

<script src="{{ url_for('static', filename='jquery.min.js') }}"></script>
<script src="{{ url_for('static', filename='bootstrap.min.js') }}"></script>
</body>
</html>
```

从上述例子中可以看到，该页面除去“{% include %}”的内容，便是一个空白页面。

以下是被包含的文件“include_nav.html”（导航栏）的内容。

```
<nav class="navbar navbar-inverse">
    <div class="container">
        <div class="navbar-header">
            <button type="button" class="navbar-toggle collapsed"
data-toggle="collapse" data-target="#navbar"
                    aria-expanded="false" aria-controls="navbar">
                <span class="sr-only">Toggle navigation</span>
                <span class="icon-bar"></span>
                <span class="icon-bar"></span>
                <span class="icon-bar"></span>
            </button>
            <a class="navbar-brand" href="#">包含导航栏演示</a>
        </div>
        <div id="navbar" class="collapse navbar-collapse">
```

```
            <ul class="nav navbar-nav">
                <li class="active"><a href="#">Home</a></li>
                <li><a href="#">About</a></li>
                <li><a href="#">Contact</a></li>
            </ul>
        </div>
    </div>
</nav>
```

模板包含的演示效果如图 3-2-7 所示。

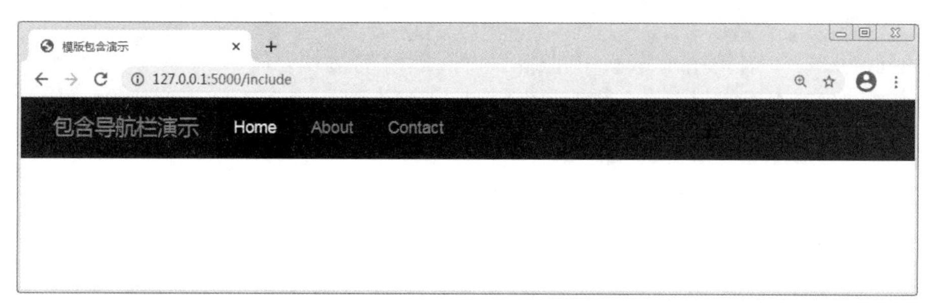

图 3-2-7　模板包含的演示效果

在大多数的情况下，模板包含可以实现大部分功能，但是以模板包含的方式进行网站开发，仍然需要在每一个页面中添加包含代码。

而当包含页面的代码也是公共部分时，模板包含便不再适用。此时应引入新的方式进行开发——模板继承。

以下是一个简单的模板继承的例子。

所有页面的基准页（extends_base.html）的内容如下。

```
<!DOCTYPE html>
<html lang="zh">
<head>
    <meta charset="UTF-8">
    <title>
        {% block title %}
            {# 网页标题 #}
        {% endblock %}
    </title>

    {% block head %}
        {# 网页所引用的样式等静态资源 #}
    {% endblock %}
</head>
```

```
<body>
{% block content %}
    {# 网页内容 #}
{% endblock %}

{% block script %}
    {# 网页所引用的 JavaScript 资源 #}
{% endblock %}
</body>
</html>
```

“{% block %}”语句用于定义可被继承页面修改的区块。

由于前端统一使用 Bootstrap 框架进行开发，所以需要建立一个前端网页的基准页，以自动引入相关静态资源及加载导航栏。

以下是页面（extends_bootstrap.html）代码。

```
{% extends 'extends_base.html' %}

{% block head %}
    <link rel="stylesheet" href="{{ url_for('static', filename= 'bootstrap.
min.css') }}">
{% endblock %}

{% block script %}
    <script src="{{ url_for('static', filename='jquery.min. js') }}">
    </script>
    <script src="{{ url_for('static', filename='bootstrap.min. js') }}">
    </script>
{% endblock %}

{% block content %}
    {% include 'include_nav.html' %}

    <div class="container">
        {% block inner_content %}
            {# 模板页面的正文内容 #}
        {% endblock %}
    </div>
{% endblock %}
```

最后便是继承于包含导航栏模板的完整页面（extends.html），代码如下。

```
{% extends 'extends_bootstrap.html' %}

{% block title %}模板的继承、包含{% endblock %}

{% block inner_content %}
    <h1>模板的继承</h1>
    <p>可以使复杂的结构变简单。以免在多个页面中引用静态资源。</p>

    <h1>模板的包含</h1>
    <p>可以使复杂的部分单独拆分到某一个文件。</p>
{% endblock %}

{% block script %}
    {# 继承模板内容并添加新内容 #}
    {{ super() }}
    <script>
        // 以下代码用于添加文字动画。
        let items = $('h1,p');
        items.hide();
        items.fadeIn(1000);
    </script>
{% endblock %}
```

完整页面演示效果如图 3-2-8 所示。

图 3-2-8　完整页面演示效果

3.2.7　宏指令

模板的包含、继承也仅是从已经编写好的模板中加载相应的内容，并将模板内容覆盖到当前页面下。在常见的应用中，会有包含相同的文章项目的页面，例如网站首页中与文章列表页面中包含相同的文章项目，此时，文章项目的显示代码便需要在两个页面中同时编写，这种方式操作起来较为烦琐，消耗的资源也较多。

在上述例子中，文章项目属于公共部分，但在需要生成多个文章项目的情况下，使用包含与继承便不再合适，宏指令便是此问题的解决方案。

宏指令其实并不复杂，它类似于 Python 中的函数，拥有参数，可以被调用，用于生成网页内容，以下是一个简单的演示例子。

视图函数代码如下。

```
@app.route('/macro')
@app.route('/macro/<int:num>')
def macro(num=0):
    # 此处使用 list 模拟文章列表
    articles = []
    for i in range(1, num + 1):
        articles.append({
            'title': '文章%d 标题' % i,
            'content': ('文章%d 的内容 ' % i) * i,
        })
    return render_template('macro.html', num=num, num_prev=num - 1,
num_next=num + 1, articles=articles)
```

以下是模板文件（macro.html）代码。

```
{# 此处的模板文件继承于 3.2.6 小节所定义的模板 #}
{% extends 'extends_bootstrap.html' %}

{# 宏指令可以定义在单独的文件，然后被其他文件所引入 #}
{% import 'macro_define.html' as macro %}

{% block title %}
    宏指令
{% endblock %}

{% block inner_content %}
    {# 宏指令的使用方法类似于函数 #}
    {{ macro.article_list(articles, num) }}

    {% if num > 0 %}
        <a href="{{ url_for('macro', num=num_prev) }}" class="btn
btn-primary">-1</a>
```

```
        {% endif %}
        <a href="{{ url_for('macro', num=num_next) }}"
                                class="btn btn-primary">+1</a>
{% endblock %}
```

以下是宏指令模板文件（macro_define.html）代码。

```
{% macro article_item(title, content) %}
    <h2>{{ title }}</h2>
    <p>{{ content }}</p>
{% endmacro %}

{% macro article_list(articles, article_num) %}
    {% if article_num <= 0 %}
        <h2>文章数量为 0，没有内容可展示。</h2>
    {% else %}
        {% for article in articles %}
            {{ article_item(article.title, article.content) }}
        {% endfor %}
    {% endif %}
{% endmacro %}
```

由上述例子可以看出，宏指令“article_item”生成了文章项目，而宏指令“article_list”生成了文章列表，宏指令可以进行嵌套使用。

宏指令演示页面效果如图 3-2-9 所示。

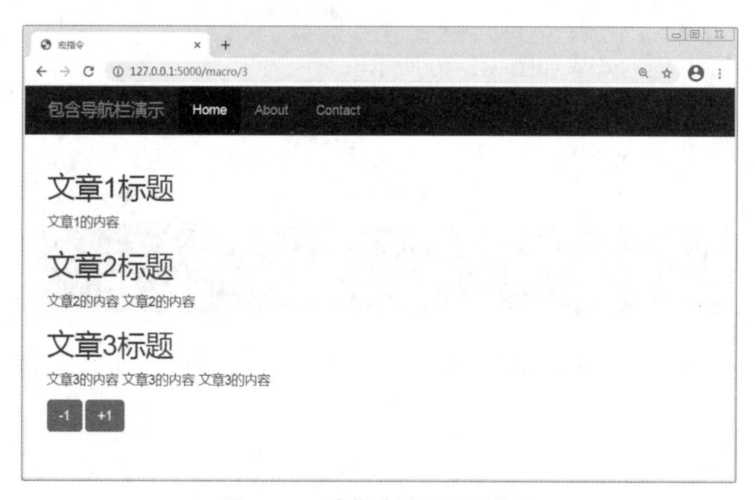

图 3-2-9　宏指令演示页面效果

3.2.8　注册全局对象

在某些特殊的模板中，可以通过调用函数的方式直接获取数据。但在被继承的模板中，如果需要调用某个固定的函数，通常需要在每一个使用被继承模板的视图函数中注入相应的函数（变量），但这显然不是推荐的操作方法。这时，需要注册全局对象。

以下是全局对象使用的一个简单例子，代码如下。

```
# 注册全局对象的类型不限，可以是任何类型（函数亦可）
def range_list(x):
    # 该函数生成了数量为 x 的 int list（从 0 开始）
    return list(range(x))

# 将函数注册到全局对象中
app.add_template_global(range_list, 'global_test')

@app.route('/global')
def global_():
    return render_template('global.html')
```

相应的模板文件（global.html）代码如下。

```
{% extends 'extends_bootstrap.html' %}

{% block title %}注册全局对象{% endblock %}

{% block inner_content %}
{# 此处将数字列表输出到页面中 #}
{{ global_test(10) }}
{% endblock %}
```

全局对象演示页面的效果如图 3-2-10 所示。

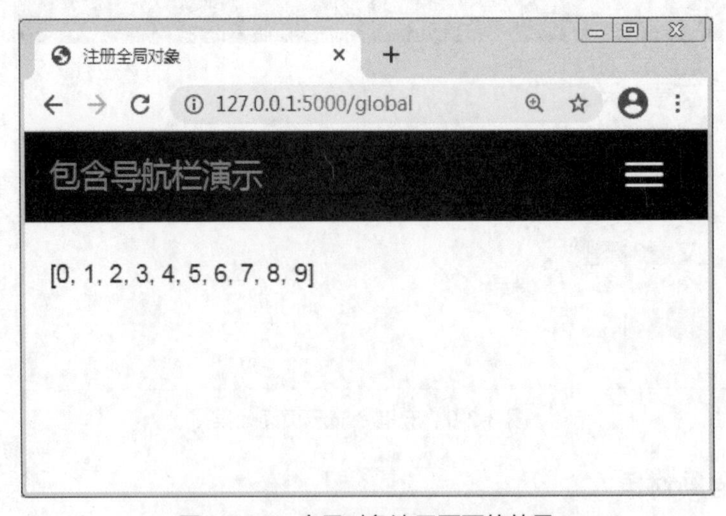

图 3-2-10　全局对象演示页面的效果

3.2.9　变量过滤器

变量过滤器用于对注入变量进行简单处理。在模板页面注入变量时，只需要在变量后面添加“|”即可调用过滤器方法。

常见的变量过滤器的基本用法如下。

```
{# 字符串的首字母大写，其他小写 #}
<p>{{ 'test' | capitalize }}</p>

{# 字符串格式化 #}
<p>{{ '你好 %s,这里是 %s。' | format(request.remote_addr, request.path) }}</p>

{# 字符串转小写 #}
<p>{{ 'TESTTEST' | lower }}</p>

{# 字符串转大写 #}
<p>{{ 'testtest' | upper }}</p>

{# 字符串替换 #}
<p>{{ 'Hello Test' | replace('Test', 'World') }}</p>

{# 翻转字符串 #}
<p>{{ '?uoy era woH' | reverse }}</p>

{# 清除字符串首尾多余的空格 #}
<p>{{ '   这 是 一 段 测 试 内 容    ' | trim }}</p>

{# 截断字符串 #}
<p>{{ '这 是 一 段 测 试 内 容' | truncate(8) }}</p>

{# 计算字符串中单词的数量 #}
<p>{{ 'How are you?' | wordcount }}</p>



{# 四舍五入 #}
<p>{{ 1.3 | round }}</p>
<p>{{ 1.5 | round }}</p>

{# 为未定义的变量提供默认值 #}
```

```
<p>{{ undefined | default('默认值') }}</p>

{# 保留 HTML 实体，不对内容进行转义 #}
<p>{{ '<script>alert("这里是 safe 变量过滤器演示，请不要在不安全的数据中使用，否则用户将会受到攻击；就如这个弹框（恶意代码）。")</script>' | safe }}</p>

{# 对 HTML 实体字符进行转义 #}
<p>{{ '<script>alert("test")</script>' | escape }}</p>

{# 清除字符串中包含的 HTML 标签 #}
<p>{{ '<script>alert("test")</script>' | striptags }}</p>

{# 将对象转换为 JSON 格式，通常在<script>标签对中使用 #}
<script>
    let data = {{ {'name': request.remote_addr} | tojson }};
    alert("你好呀！" + data["name"]);
</script>

{# 对内容进行 URL 编码 #}
<a href="?keyword={{ '这 是 一 段 测 试 内 容' | urlencode }}">链接</a>
```

当然，用户也可以构造属于自己的变量过滤器，只需将过滤器注册到应用中便可以在所有模板页面中使用。类似于 3.2.8 小节中注册全局对象的方法，使用 app.add_ template_ filterer()方法进行注册即可。

以下是一个转换时间的过滤器。

```
import time
def convert_time(t):
    return time.strftime('%Y-%m-%d %H:%M:%S', time.localtime(t))

# 注册模板变量过滤器
app.add_template_filter(convert_time)
```

Jinja2 模板引擎

这时，在模板页面中便可以使用该变量过滤器了，示例代码如下。

```
{# 自定义变量过滤器，时间可通过 time.time()获取 #}
<p>{{ 1572497288.095447 | convert_time }}</p>
```

转换时间过滤器的演示效果如图 3-2-11 所示。

在本节中，如果对操作过程有疑问，可跟随左侧视频进行操作。

图 3-2-11　转换时间过滤器的演示效果

3.3 Flask-Bootstrap

前面的内容中提到了 Bootstrap 前端框架，同时也通过手动引用、构建模板的方式，使用了 Bootstrap 框架。相较于 Flask-Bootstrap，这种从零开始配置的方式并不适用于快速开发场景。Flask-Bootstrap 提供了一系列的基本模板，包含对资源的引用、一些快捷宏指令等。

3.3.1　安装依赖

与安装 Flask 的操作一致，打开命令提示符窗口，输入以下命令。

```
pip install flask-bootstrap==3.3.7
```

执行上述命令之后，能看到“Successfully installed...”提示信息，没有提示红色的报错信息，即安装成功。此时，Flask-Bootstrap 的依赖包便安装完成了，如图 3-3-1 所示。

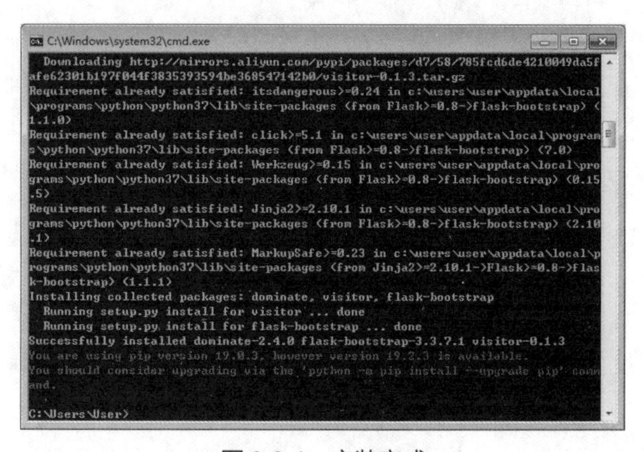

图 3-3-1　安装完成

3.3.2 在应用中使用

首先需要引入 Flask-Bootstrap 包中的 Bootstrap 类，然后在应用初始化之后，对 Bootstrap 实例进行初始化。

以下是 Flask-Bootstrap 的初始化代码。

```
from flask import Flask, render_template
from flask_bootstrap import Bootstrap

app = Flask(__name__)

# flask_bootstrap 初始化代码
bootstrap = Bootstrap()
bootstrap.init_app(app)
# 使用本地资源，禁用 cdn
bootstrap_cdns = app.extensions['bootstrap']['cdns']
bootstrap_cdns['bootstrap'] = bootstrap_cdns['local']
bootstrap_cdns['jquery'] = bootstrap_cdns['local']
```

初始化完成后即可开始使用。以下是 Flask-Bootstrap 使用演示的视图函数。

```
@app.route('/bootstrap')
def bootstrap_flask():
    return render_template('bootstrap_flask.html')
```

以下是相应模板文件（bootstrap_flask.html）的代码。

```
{% extends 'bootstrap/base.html' %}

{% block title %}Flask Bootstrap{% endblock %}

{% block navbar %}
    {% include 'include_nav.html' %}
{% endblock %}

{% block content %}
    <div class="container">
        <p>flask_bootstrap 提供了一些基本的模板，可以省去从零编写模板页的过程。
</p>
        <p>flask_bootstrap 同时还提供了 flask_wtf 表单生成的宏指令（后续讲解）。
</p>
    </div>
{% endblock %}
```

此处所继承的模板文件可以在“Python 安装目录/site-packages/flask_bootstrap/templates”中找到，为方便使用（定制），可将该目录中的模板文件复制到当前项目，如图 3-3-2 和图 3-3-3 所示。

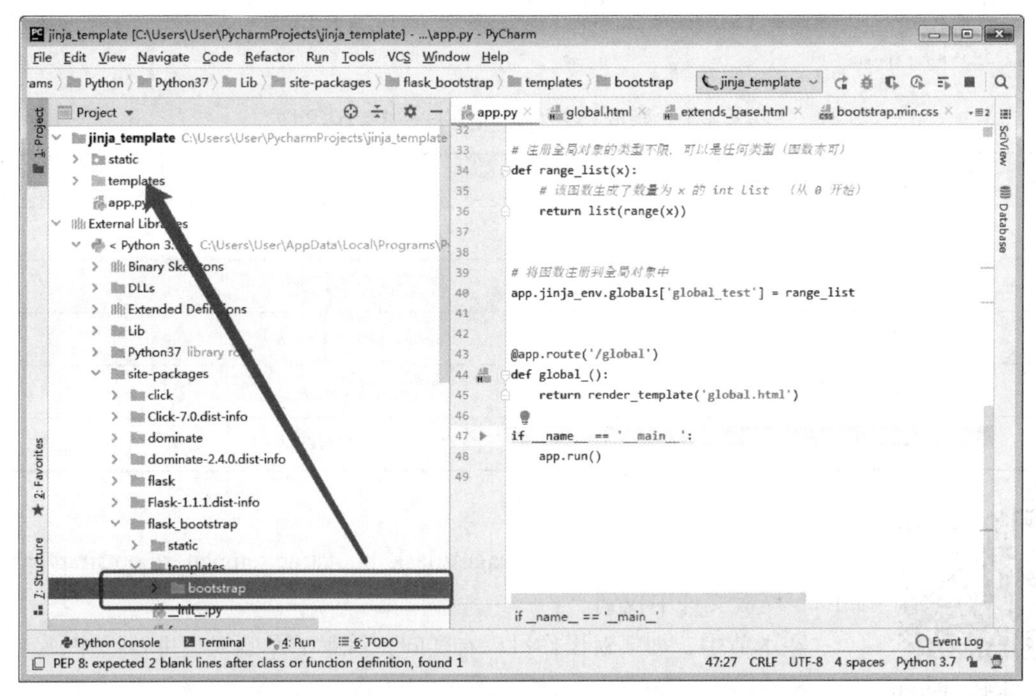

图 3-3-2　找到 Bootstrap 模板文件并复制到当前项目中

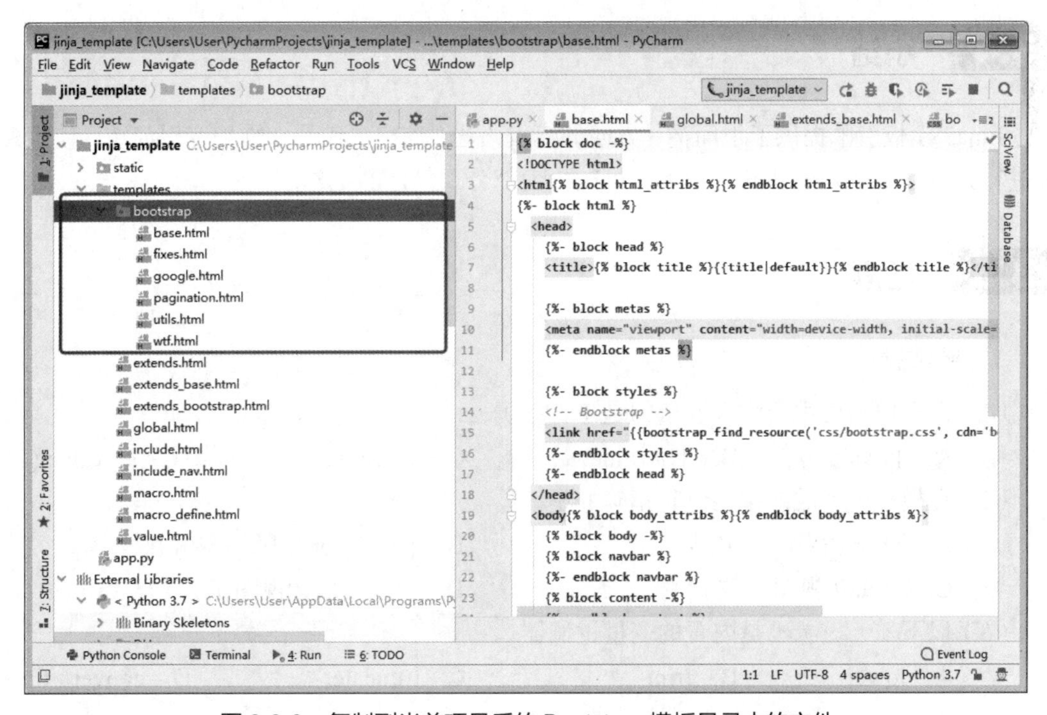

图 3-3-3　复制到当前项目后的 Bootstrap 模板目录中的文件

从以上文件列表可见，Flask-Bootstrap 提供了常用的基础模板，在开发过程中使用这些模板，可节省编写基础模板的时间。

Flask-Bootstrap 提供的基准模板（base.html）定义了一些常用区块，通常情况下，只要继承基准模板，并重写区块，便可以满足大部分的需求。基准模板中定义的一些常用区块如表 3-3-1 所示。

表 3-3-1 基准模板中定义的一些常用区块

区块名称	解释
title	网页标题
styles	样式表标签区块
navbar	导航栏区块
content	网页主体区块
scripts	网页主体尾部脚本区块

Flask-Bootstrap

其他区块可在“site-packages/flask_bootstrap/templates/bootstrap/base.html”模板文件中找到。

在本节中，如果对操作过程有疑问，可跟随左侧视频进行操作。

3.4 小结

Jinja2 模板引擎提供了很简洁、方便的模板语法，使模板编写、维护变得简单。使用模板进行开发，将所有公共部分分离，可减少大部分重复性的工作。

3.5 习题

1. 单选题

（1）以下语句可用于注入变量的是（ ）。

A. {{ value }}　B. {% value %}　C. {# value #}　D. {@ value @}

（2）在模板中生成链接的语句正确的是（ ）。

A. {{ url('视图函数') }}　B. {{ url_for('视图函数') }}

C. {{ :url('视图函数') }}　D. {{ :url_for('视图函数') }}

（3）以下（ ）不是内置的变量过滤器。

A. lower　B. trim　C. truncate　D. convert_time

（4）以下（　　）是错误的模板语句。

A. {% include 'test.html' %}　　B. {% extends 'test.html' %}

C. {% block 'test' %}　　D. {{ super() }}

（5）以下（　　）是正确的模板语句。

A. {{ if num > 0 }}{{ endif }}　　B. {{ for i in num > 0 }}{{ endfor }}

C. {% macro test() %}{% endmacro %}　　D. {{ block test }}{{ endblock }}

2. 判断题

（1）Flask-Bootstrap 默认引用本地的静态资源。(　　)

（2）宏指令类似于函数，可以传入参数生成相应内容。(　　)

（3）在默认情况下，len()、range()等 Python 内置函数可以在模板中使用。(　　)

（4）模板的继承、包含可以进行嵌套调用。(　　)

（5）使用“<!-- -->”注释的模板语句不会被执行。(　　)

第4章　如何与用户进行交互

学习目标

- 了解消息反馈的基本操作
- 掌握 Flask-WTF 表单模块的使用方法
- 掌握 Flask-CKEditor 模块的使用方法

在网页中，如果需要与用户进行交互，则需要为交互页面设计一种特定的消息类型（表单），用于接收用户输入的信息。用户输入的信息传递到服务器中经过处理后，如需要返回消息给用户，则需要将消息内容显示到网页内容中。

4.1 表单

2.2.5 小节提到了表单在 HTML 中的基本用法。但要实现一次完整的交互，还需要后端程序的参与。

4.1.1 基本交互

在 Flask 中，表单数据从请求信息中获取（见 1.4.1 小节）。

以下是一个简单的例子，用于接收 GET、POST 消息并显示。

```
app = Flask(__name__)
# 使用表单前须定义 csrf_token 密钥（任意字符串）
app.config['SECRET_KEY'] = 'Chapter4'
```

以下为页面视图函数代码，可以通过 GET 和 POST 两种方式获取表单数据。

```
@app.route('/form', methods=['GET', 'POST'])
def form():
    # args 用于获取 GET 方式提交的数据
    msg_get = request.args.get('msg_get')
    # form 用于获取 POST 方式提交的数据
    msg_post = request.form.get('msg_post')
    return render_template('form.html', msg_get=msg_get,
msg_post= msg_post)
```

以下是模板页面（form.html）内容。

```
{% extends 'bootstrap/base.html' %}

{% block content %}
    <div class="container">
        <div class="row">
            <div class="col-xs-6">
                <form method="get" class="form-horizontal" role="form">
                    <p>GET 表单测试</p>
                    <label>
                        消息:
                        <input name="msg_get" value="GET!" class=
"form-control"/>
                    </label>
                    <input type="submit" class="btn btn-primary">
                </form>
                {% if msg_get %}
                    <p>你发送的 GET 消息: {{ msg_get }}</p>
                {% endif %}
            </div>
            <div class="col-xs-6">
                <form method="post" class="form-horizontal" role="form">
                    <p>POST 表单测试</p>
                    <label>
                        消息:
                        <input name="msg_post" value="POST!" class=
"form-control"/>
                    </label>
                    <input type="submit" class="btn btn-primary">
                </form>
                {% if msg_post %}
                    <p>你发送的 POST 消息: {{ msg_post }}</p>
                {% endif %}
            </div>
        </div>
    </div>
{% endblock %}
```

最终效果如图 4-1-1 和图 4-1-2 所示。

图 4-1-1　GET 表单提交测试

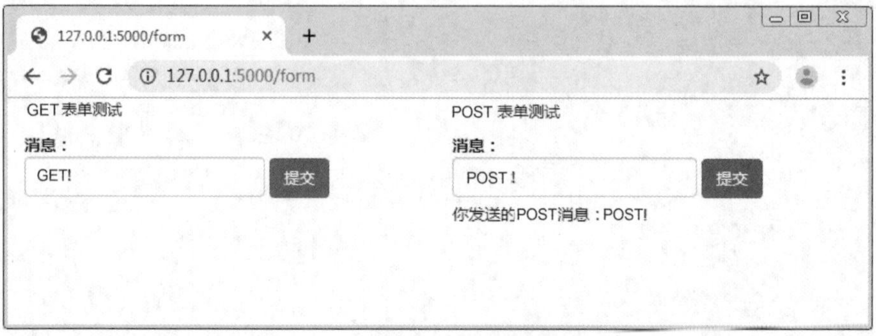

图 4-1-2　POST 表单提交测试

以上是 Flask 中最基本的表单交互例子。

4.1.2　文件上传

表单除了可以提交消息以外，还可以上传文件。在 Flask 中上传文件只需要定义两个视图函数即可：一个用于上传文件，另一个用于获取上传的文件。

首先定义获取上传文件的视图函数。

```
import os


# 定义上传文件所存放的位置，此处定义为项目目录下的"uploads"目录
basedir = os.path.abspath(os.path.dirname(__file__))
app.config['UPLOADED_PATH'] = os.path.join(basedir, 'uploads')
os.makedirs(app.config['UPLOADED_PATH'], exist_ok=True)


# 用于获取上传的文件
@app.route('/files/<filename>')
def uploaded_files(filename):
    path = app.config['UPLOADED_PATH']
    return send_from_directory(path, filename)
```

然后定义上传文件的视图函数。

```
# 用于上传文件
@app.route('/upload', methods=['GET', 'POST'])
def upload():
    if request.method == 'POST':
        f = request.files.get('upload')
        f.save(os.path.join(app.config['UPLOADED_PATH'], f.filename))

    # 将上传目录下的文件展示到页面中
    files = os.listdir(app.config['UPLOADED_PATH'])
    return render_template('upload.html', files=files)
```

以下是相应模板页面（upload.html）的内容。

```
{% extends ' bootstrap/base.html' %}

{% block title %}文件上传{% endblock %}

{% block content %}
    <div class="container">
        <form role="form" method="post" enctype="multipart/form-data">
            <p>文件上传</p>
            <label>
                文件:
                <input type="file" name="upload" class="form-control">
            </label>
            <input type="submit" class="btn btn-primary">
        </form>

        <ul>
            {% for file in files %}
              <li><a href="{{ url_for('uploaded_files', filename=
file) }}">{{ file }}</a></li>
            {% endfor %}
        </ul>
    </div>
{% endblock %}
```

最终效果如图 4-1-3 和图 4-1-4 所示。

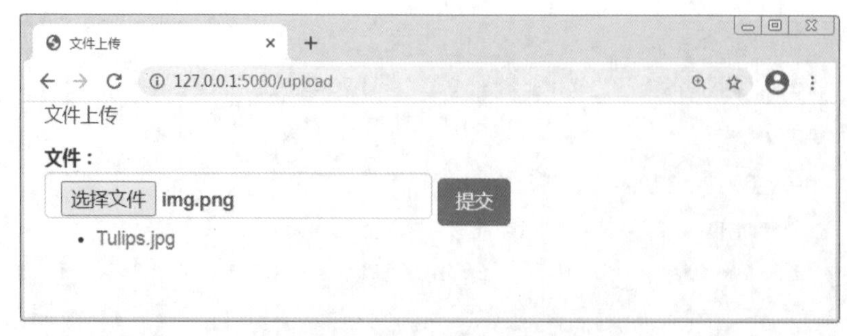

图 4-1-3　上传文件页面

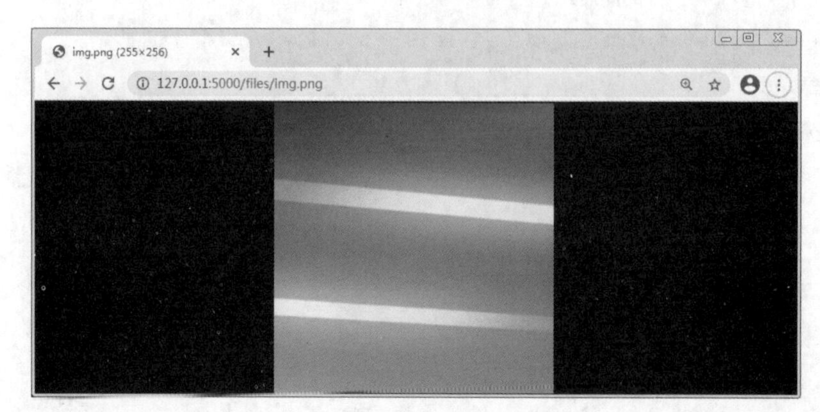

图 4-1-4　查看上传的文件

表单

在本节中，如果对操作过程有疑问，可跟随左侧视频进行操作。

4.2 Flask-WTF

在第 3 章的例子中，表单的结构在模板中定义。而 HTML 形式的表单由于标签之间层层嵌套，并不便于管理。Flask-WTF（WTForms 的简单集成）提供了将表单抽象为类的开发方式，有效地降低了表单维护的难度。

WTForms 带有数据验证功能，便于服务器端对数据进行验证；同时还带有跨站请求伪造（Cross-Site Request Forgery，CSRF）保护功能，能有效防止用户受到黑客攻击。

4.2.1 安装依赖

与安装 Flask 的操作一致，打开命令提示符窗口，输入以下命令。

```
pip install flask-wtf==0.14.2
```

执行上述命令之后，能看到"Successfully installed..."提示信息，没有提示红色的报错信息，即安装成功。此时，Flask-WTF 的依赖包便安装完成了，如图 4-2-1 所示。

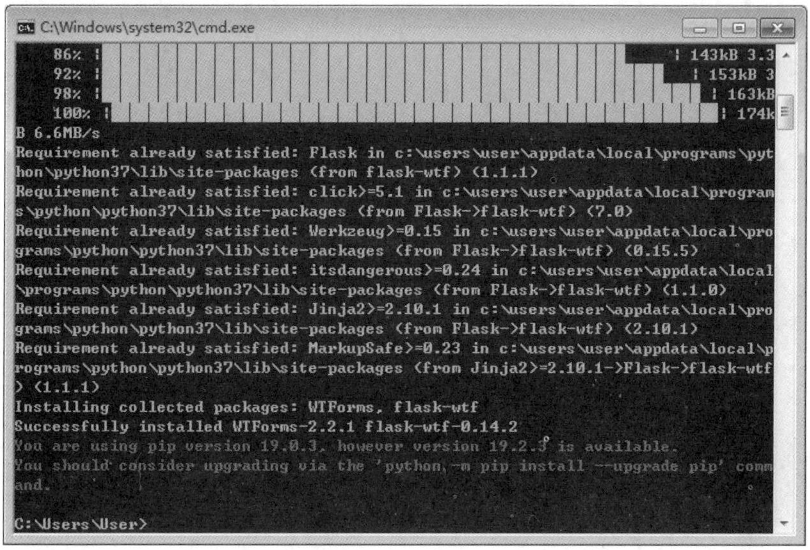

```
C:\Windows\system32\cmd.exe
     86% |████████████████████████████████       | 143kB 3.3
     92% |██████████████████████████████████     | 153kB 3
     98% |████████████████████████████████████   | 163kB
    100% |█████████████████████████████████████| 174k
B 6.6MB/s
Requirement already satisfied: Flask in c:\users\user\appdata\local\programs\pyt
hon\python37\lib\site-packages (from flask-wtf) (1.1.1)
Requirement already satisfied: click>=5.1 in c:\users\user\appdata\local\program
s\python\python37\lib\site-packages (from Flask->flask-wtf) (7.0)
Requirement already satisfied: Werkzeug>=0.15 in c:\users\user\appdata\local\pro
grams\python\python37\lib\site-packages (from Flask->flask-wtf) (0.15.5)
Requirement already satisfied: itsdangerous>=0.24 in c:\users\user\appdata\local
\programs\python\python37\lib\site-packages (from Flask->flask-wtf) (1.1.0)
Requirement already satisfied: Jinja2>=2.10.1 in c:\users\user\appdata\local\pro
grams\python\python37\lib\site-packages (from Flask->flask-wtf) (2.10.1)
Requirement already satisfied: MarkupSafe>=0.23 in c:\users\user\appdata\local\p
rograms\python\python37\lib\site-packages (from Jinja2>=2.10.1->Flask->flask-wtf
) (1.1.1)
Installing collected packages: WTForms, flask-wtf
Successfully installed WTForms-2.2.1 flask-wtf-0.14.2
You are using pip version 19.0.3, however version 19.2.3 is available.
You should consider upgrading via the 'python -m pip install --upgrade pip' comm
and.

C:\Users\User>
```

图 4-2-1　安装完成

4.2.2　表单类

在使用 Flask-WTF 表单之前，需要定义表单类。所有表单类都需要继承“FlaskForm”表单类，这是 Flask-WTF 对 WTForms 表单的封装。表单类用于描述表单的结构，表单字段使用类变量进行描述。

以下是具有登录功能的表单类。

```
from flask_wtf import FlaskForm
from wtforms import StringField, PasswordField, SubmitField
from wtforms.validators import DataRequired


class LoginForm(FlaskForm):
    username = StringField(label='用户名')
    password = PasswordField(label='密码')
    submit = SubmitField(label='登录')
```

登录表单包含用户名、密码的输入，因此此处使用了“StringField”与“PasswordField”两种字段类。“SubmitField”则用于提交表单。

表单类设计完成后，即可在视图函数中使用；相比于 4.1.1 小节中的表单基础交互，使用 WTForms 操作参数更方便。

接下来，我们尝试实现一个简单的用户登录功能。以下是应用初始化及视图函数代码。

```
from flask import Flask, render_template, request


app = Flask(__name__)
# 使用表单前须定义 csrf_token 密钥（任意字符串，通常是随机生成的）
app.config['SECRET_KEY'] = 'Chapter4'
```

```
# 初始化 Flask-Bootstrap 的代码
from flask_bootstrap import Bootstrap

bootstrap = Bootstrap()
bootstrap.init_app(app)
bootstrap_cdns = app.extensions['bootstrap']['cdns']
bootstrap_cdns['bootstrap'] = bootstrap_cdns['local']
bootstrap_cdns['jquery'] = bootstrap_cdns['local']

@app.route('/login', methods=['GET', 'POST'])
def login():
    form = LoginForm()

    if request.method == 'POST' and form.validate_on_submit():
        return 'Hello %s!<br>你所输入的密码为：%s' % (form.username.data,
form.password.data)
    else:
        return render_template('login.html', form=form)
```

以下是模板页面代码。

```
{% extends 'bootstrap/base.html' %}

{% import 'bootstrap/wtf.html' as wtf %}

{% block title %}登录表单{% endblock %}

{% block content %}
    <div class="container">
        {{ wtf.quick_form(form) }}
    </div>
{% endblock %}
```

此处使用快速渲染表单功能，表单的渲染将在 4.2.3 小节中介绍。

表单类演示效果如图 4-2-2 和图 4-2-3 所示。

这是一个典型的登录表单，使用 WTForms 后，免去了在模板页面中编写表单代码的烦琐过程，且表单类可以在多个视图函数中复用，便于管理。

WTForms 常见的表单字段类型如表 4-2-1 所示。

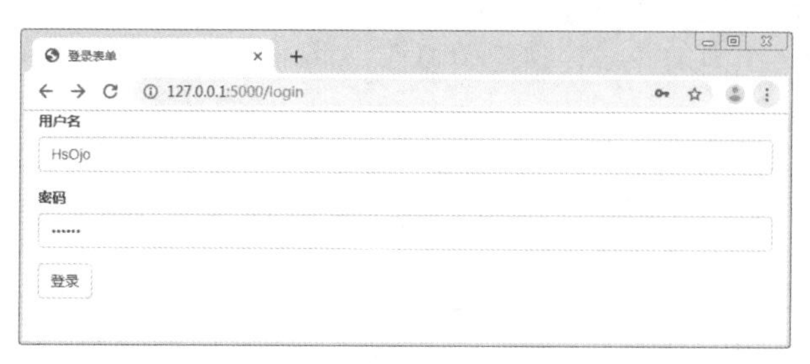

图 4-2-2　表单类演示效果图 1

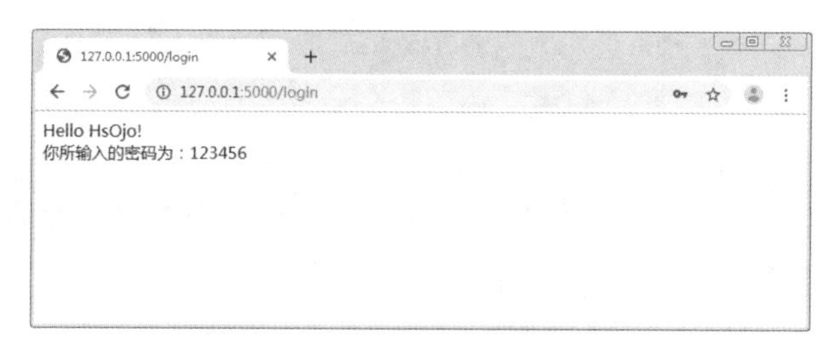

图 4-2-3　表单类演示效果图 2

表 4-2-1　WTForms 常见的表单字段类型

表单字段类型	说明
StringField	文本字段，<input>标签（type="text"）
TextAreaField	多行文本字段，<textarea>标签
PasswordField	密码文本字段，<input>标签（type="password"）
HiddenField	隐藏文本字段，<input>标签（type="hidden"）
DateField	文本字段，数据为 datetime.date 类型
DateTimeField	文本字段，数据为 datetime.datetime 类型
IntegerField	文本字段，数据为 int 类型
FloatField	文本字段，数据为 float 类型
BooleanField	复选框，数据为 bool 类型
RadioField	一组单选项
SelectField	下拉列表
SelectMultipleField	多选下拉列表
FileField	文件上传字段
SubmitField	表单提交按钮

4.2.3　渲染表单

渲染表单即根据表单类所描述的结构来生成相应 HTML 代码的过程。

在 4.2.2 小节中，使用 Flask-Bootstrap 所提供的表单宏指令进行表单的快速生成；而在这一小节中，将会介绍渲染表单的几种常见方法。

本小节基于 4.2.2 小节的登录样例进行修改，演示 3 种不同的表单渲染方式。

以下是视图函数代码。

```
@app.route('/login', methods=['GET', 'POST'])
@app.route('/login/<int:mode>', methods=['GET', 'POST'])
def login(mode=1):
    form = LoginForm()
    if request.method == 'POST' and form.validate_on_submit():
        return 'Hello %s!<br>你所输入的密码为：%s' % (form.username.data, 
form.password.data)
    else:
        return render_template('login.html', form=form, mode=mode)
```

上述视图函数相比 4.2.2 小节中增加了“mode”参数，用于控制在不同模式下模板页面所显示的内容。

以下是模板页面代码。

```
{% extends 'bootstrap/base.html' %}

{# 引入 flask_bootstrap 提供的 wtf 表单宏指令 #}
{% import 'bootstrap/wtf.html' as wtf %}

{% block title %}登录表单{% endblock %}

{% block content %}
    <div class="container">
        {% if mode == 1 %}
            <form role="form" method="post">
                {{ form.username }}
                {{ form.password }}
                {# csrf_token 用于保证用户提交表单的安全性 #}
                {{ form.csrf_token }}
                {{ form.submit }}
            </form>
        {% elif mode == 2 %}
            <form role="form" method="post">
                {# 使用 flask_bootstrap 提供的宏指令逐个字段生成表单 #}
                {{ wtf.form_field(form.username) }}
                {{ wtf.form_field(form.password) }}
                {# csrf_token 是隐藏字段，使用默认方法生成即可 #}
```

```
                {{ form.csrf_token }}
                {{ wtf.form_field(form.submit) }}
            </form>
        {% elif mode == 3 %}
            {# 使用 flask_bootstrap 提供的宏指令快速生成表单 #}
            {{ wtf.quick_form(form) }}
        {% endif %}
    </div>
{% endblock %}
```

以上例子通过 3 种不同的方式渲染表单。

其中“mode == 1”处的表单为原始样式，且每一个表单字段都需要单独渲染，常用于建立复杂表单。

而“mode == 2”处的表单与“mode == 1”处的表单渲染方式一致，不同之处在于“mode==2”处的表单使用了 Flask-Bootstrap 所提供的表单字段生成宏指令来进行生成，显示时包含 Bootstrap 样式。

“mode == 3”处的表单则通过 Flask-Bootstrap 所提供的快速渲染表单的宏指令进行整个表单的渲染。这种方法常用于建立结构简单的表单。

3 种不同渲染方式的演示效果如图 4-2-4～图 4-2-6 所示。

由图 4-2-5 和图 4-2-6 可见，在使用 Flask-Bootstrap 的情况下，渲染结构简单的表单时，单独渲染与快速渲染所呈现的效果是一致的，但使用快速渲染表单指令可大幅减少代码量。

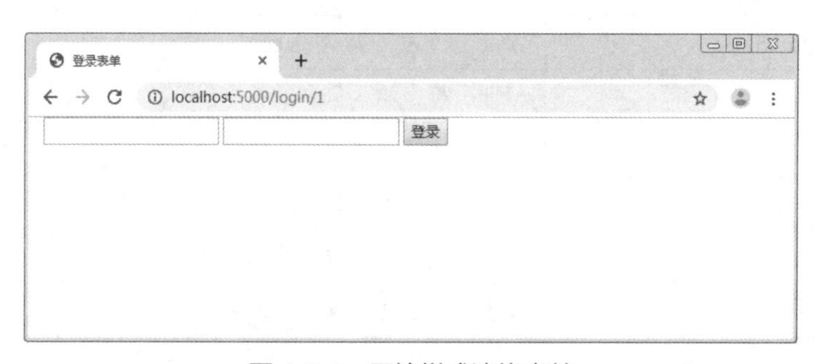

图 4-2-4　原始样式渲染表单

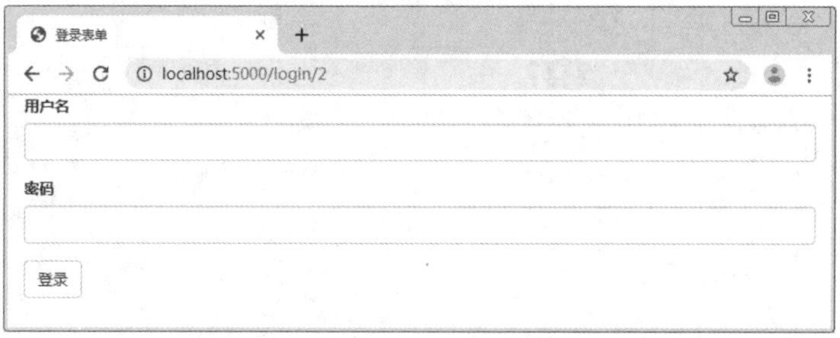

图 4-2-5　Bootstrap 样式渲染表单

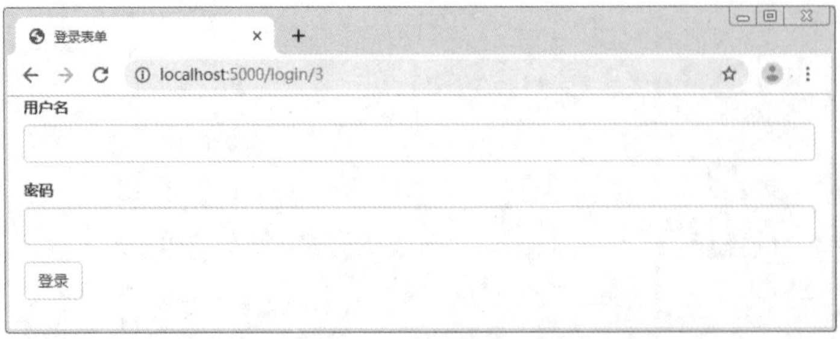

图 4-2-6　Bootstrap 样式渲染表单（快速）

4.2.4　处理表单

在前面的例子中，表单字段都比较少，如果要对数据进行验证，例如限制用户名或密码不为空，只需要直接通过 if 语句进行判断即可（不推荐）。而在表单字段相当多的情况下，这种方法便不再适用了。

WTForms 包含数据验证功能。通常情况下，WTForms 所提供的数据验证器可以满足大部分的需求。要使用数据验证器，只需要在表单类的字段中添加 validators 参数，并指定相应的数据验证器即可（该参数为 list 类型，可添加多种类型的数据验证器）。

常见的数据验证器类型如表 4-2-2 所示。

表 4-2-2　常见的数据验证器类型

数据验证器类型	说明
Email	验证是否为电子邮件地址
EqualTo	比较两个字段的值，常用于二次输入密码确认
IPAddress	验证是否为 IPv4 网络地址
Length	验证字符串输入数据的长度
NumberRange	验证输入的数值是否在数字范围内
Optional	选填，数据为空时跳过其他验证函数
DataRequired	必填，确保输入数据不为空
Regexp	使用正则表达式验证输入数据

接下来是一个用户注册表单的例子，这个例子包含大量的表单字段，以下是表单类代码。

```
from flask_wtf import FlaskForm
from wtforms import StringField, PasswordField, SubmitField, IntegerField, TextAreaField, SelectField, SelectMultipleField, RadioField
from wtforms.validators import DataRequired, Email

class RegisterForm(FlaskForm):
    username = StringField(label='用户名', validators=[DataRequired()])
    password = PasswordField(label='密码', validators=[DataRequired()])
```

```
        age = IntegerField(label='年龄', validators=[DataRequired()])
        phone = StringField(label='电话', validators=[DataRequired()])
        email = StringField(label='邮箱', validators=[DataRequired(), Email()])
        introduce = TextAreaField(label='自我介绍')
        education = SelectField(label='学历', coerce=int, choices=list(
            {
                0: '保密',
                1: '中专',
                2: '高中',
                3: '专科',
                4: '本科',
            }.items()
        ))
        sex = RadioField(label='性别', validators=[DataRequired()],
coerce=int, choices=list(
            {
                1: '男',
                2: '女',
            }.items()
        ))
        skill = SelectMultipleField(label='特长', validators=[DataRequired()],
coerce=int, choices=list(
            {
                1: '软件开发',
                2: '系统运维',
                3: '网络安全',
            }.items()
        ))
        submit = SubmitField(label='注册')
```

可见，以上表单类是相当复杂。

模板页面代码如下。

```
{% extends 'bootstrap/base.html' %}

{% import 'bootstrap/wtf.html' as wtf %}

{% block title %}注册表单{% endblock %}
```

```
{% block content %}
    <div class="container">
        {# 在存在大量表单字段的情况下，快速渲染表单的优势便显现出来了 #}
        {{ wtf.quick_form(form) }}
    </div>
{% endblock %}
```

在同时需要获取多个表单字段的情况下，直接通过“form.xx.data”的方式获取数据便不再合适了。在需要处理结构复杂的表单的情况下，可以通过“form.data”的方式获取“dict”类型的表单数据，以便于处理大量数据。

视图函数代码如下。

```
@app.route('/register', methods=['GET', 'POST'])
def register():
    form = RegisterForm()
    # 此处的 validate_on_submit()方法用于对表单数据进行验证
    if request.method == 'POST' and form.validate_on_submit():
        # 展示表单所包含的所有数据
        info = ''
        for k, v in form.data.items():
            info += '%s: %s<br>' % (k, v)
        return info
    else:
        return render_template('register.html', form=form)
```

效果如图 4-2-7 和图 4-2-8 所示。

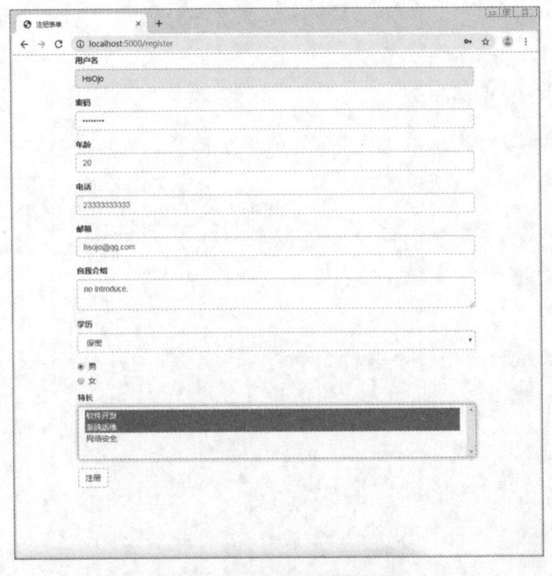

图 4-2-7　注册表单页面

localhost:5000/register

username: HsOjo
password: 23333333
age: 20
phone: 23333333333
email: hsojo@qq.com
introduce: no introduce.
education: 0
sex: 1
skill: [1, 2]
submit: True
csrf_token:
ImJiMTU1OWUxOWVjMTBlOGRlY2JjOTVkYmM3NGYzMDg1ZDVjZGMxZGQi.XXXxoQ.Lcrde_syK_4DfWaYD5D4vpv4Hyw

图 4-2-8　注册表单提交数据展示

如果仔细观察，会发现表单的最后一项“csrf_token”是不存在于前面定义的表单类当中的。前文提到，WTForms 带有 CSRF 保护功能，“csrf_token”表单字段就是用于防止 CSRF 攻击的。有兴趣的读者可自行了解。

在本节中，如果对操作过程有疑问，可跟随右侧视频进行操作。

Flask-WTF

4.3 消息反馈

4.3.1 闪现消息

在前面几个表单交互的例子中，所有消息都是直接通过文本内容返回到浏览器中进行展示的。而在实际项目中，消息通常会在页面中的一小部分区域展示，如弹框等。闪现消息便是 Flask 对这种消息反馈功能的实现。

以下是闪现消息使用的简单演示例子。

```
from flask import Flask, render_template, flash


@app.route('/flash')
def flash_message():
    flash('这是一条测试消息', 'success')
    flash('这是一条测试消息', 'danger')
    flash('这是一条测试消息', 'info')
    flash('这是一条测试消息', 'warning')
    return render_template('flash.html')
```

此处使用了 flash()函数发送了 4 种不同状态的消息，如果需要将消息显示出来，则需要在模板页面中使用 for 语句进行输出。

以下是模板页面代码。

```
{% extends 'bootstrap/base.html' %}


{% block title %}闪现消息{% endblock %}
```

```
{% block content %}
    {% for category, message in get_flashed_messages(with_categories=true)
%}
        <h5>[{{ category }}] - {{ message }}</h5>
    {% endfor %}
{% endblock %}
```

此例简单地使用了文本内容展示闪现消息，效果如图 4-3-1 所示。

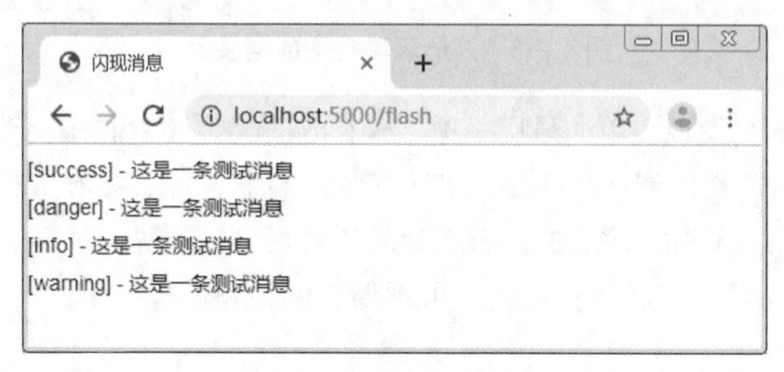

图 4-3-1　闪现消息展示

从上面的例子可以看出，闪现消息的可定制性非常高，其在页面中的展示方式取决于前端页面如何编写。Flask-Bootstrap 也提供了相应的消息渲染宏指令。

使用 Flask-Bootstrap 提供的消息渲染宏指令展示上例闪现消息的模板页面代码如下所示。

```
{% extends 'bootstrap/base.html' %}

{% import 'bootstrap/utils.html' as utils %}

{% block title %}flash 消息{% endblock %}

{% block content %}
    {{ utils.flashed_messages() }}
{% endblock %}
```

其效果如图 4-3-2 所示。

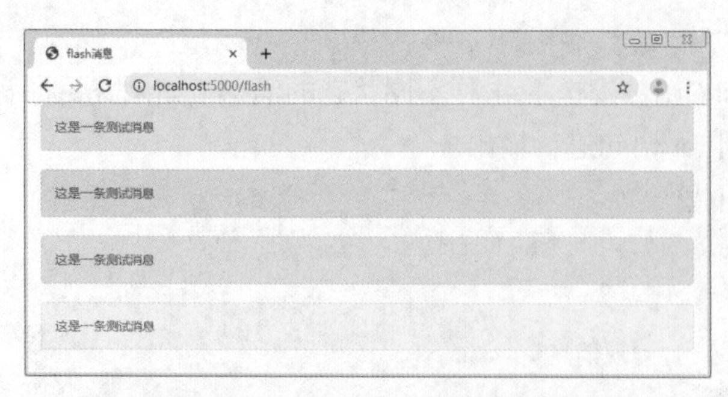

图 4-3-2　由 Flask-Bootstrap 渲染的闪现消息

4.3.2 自定义错误页

当用户访问到不存在的页面时，通常会跳转到 404 页面；又或是当用户访问网页出错时，会跳转到 500 错误页。在 Flask 中，默认的错误页面如图 4-3-3 所示。

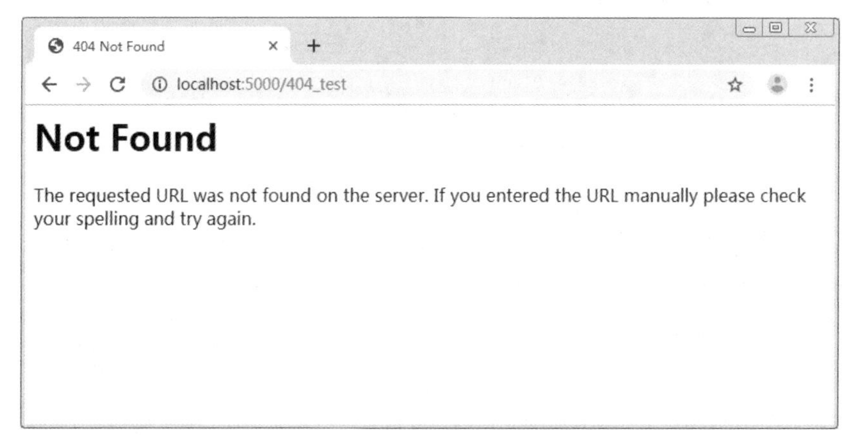

图 4-3-3　默认 404 页面

可以看出，这是一个纯文字的页面。如果网站带有自定义的风格设计，那么这些默认的错误页面则无法与网站整体的风格相匹配。

在 Flask 中使用自定义错误页与绑定视图函数类似，但需要使用特殊的路由函数 errorhandler()，以下是代码演示。

```
# app.errorhandler 装饰器用于绑定错误页面的视图函数，与路由函数相似
@app.errorhandler(404)
def not_found_page(e):
    return render_template('custom_error.html', title='Emmmm, 404!',
description='搞错 url 了吧: %s' % request.path), 404
```

模板页面代码如下。

```
{% extends 'bootstrap/base.html' %}

{% block title %}自定义错误页{% endblock %}

{% block content %}
    <div class="container">
        <h1>{{ title }}</h1>
        <pre>{{ description }}</pre>
    </div>
{% endblock %}
```

演示效果如图 4-3-4 所示。此处访问了一个不存在的页面“404_test”。

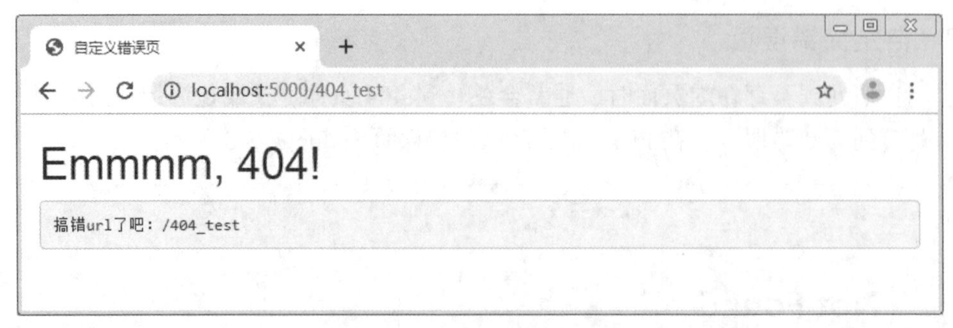

图 4-3-4　自定义 404 页面

仔细观察会发现错误页面是由于“app.errorhandler”装饰器与响应状态码绑定在了一起。

实际上，还可以在视图函数中触发 404 页面。

```
from flask import abort


@app.route('/error_404')
def error_404():
    abort(404)
```

与 404 页面相似，如果需要绑定 500 错误页面，仅需将“app.errorhandler”装饰器中的状态码参数修改为 500 即可。

500 错误通常是程序出错导致的。在 Flask 中，Python 运行出现异常时会出现 500 页面。为了方便调试，可以将异常内容在网页中显示出来（但在投入使用时，考虑到安全性，则不可以展示相关错误信息，应以日志方式将错误信息保存）。

以下是自定义 500 页面的视图函数。

```
from io import StringIO
from traceback import print_exc


@app.errorhandler(500)
def error_page(e):
    # 以下代码用于获取程序抛出异常的内容
    with StringIO() as io:
        print_exc(file=io)
        io.seek(0)
        error = io.read()
    return render_template('custom_error.html', title='Oops, 500!', 
description=error), 500
```

同样是使用先前自定义错误页面的模板，但 500 页面只有在程序发生错误时才会展示，所以，在这里通过“编写错误代码”的方式进行演示。

以下是一个会发生错误的视图函数。

```
from flask import abort


@app.route('/error_500')
@app.route('/error_500/<int:mode>')
def error_500(mode=None):
    if mode == 1:
        # 调用 abort() 函数可终止后续运行，并跳转到相应错误页面
        abort(500)
    else:
        raise Exception('引发了一个异常')
```

这里使用两种不同的方式触发 500 响应，其效果如图 4-3-5 和图 4-3-6 所示。

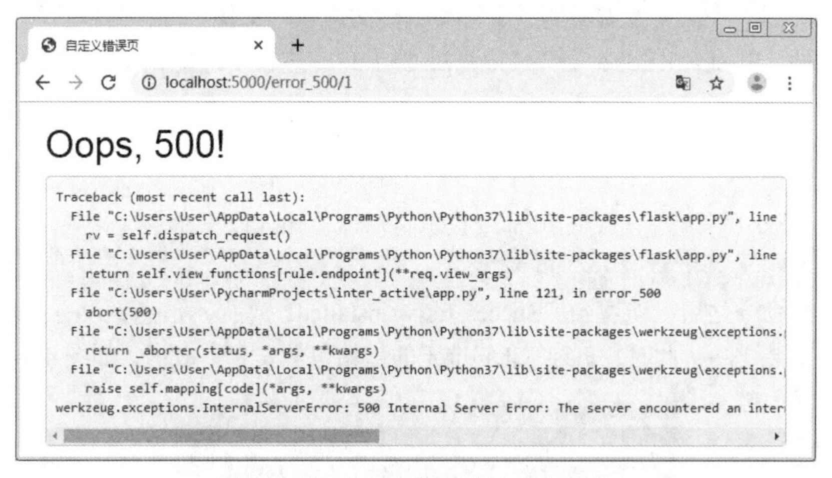

图 4-3-5　500 错误演示（abort 触发）

图 4-3-6　500 错误演示（引发异常触发）

如果需要绑定其他错误页面，可参考“1.4.2 状态响应”中的“表 1-4-2 常见响应状态码”。

在本节中，如果对操作过程有疑问，可跟随左侧视频进行操作。

4.4 Flask-CKEditor

4.2.2 小节与 4.2.3 小节简单介绍了大部分基本表单字段类，但这些基本类型字段所使用的控件并不能完成复杂的文本编辑。这些控件就无法满足例如网站中需要编写公告、文章等带有图文元素的页面。

CKEditor 是一个富文本编辑器，支持编辑图文内容、文件上传，简单易用，是一个相当实用的控件。Flask-CKEditor 针对 Flask 对 CKEditor 进行了适配，使其支持 Flask-WTF，也可以通过“wtf”快速生成表单。

4.4.1 安装依赖

与安装 Flask 的操作一致，打开命令提示符窗口，输入以下命令。

```
pip install flask-ckeditor==0.4.3
```

执行上述命令之后，能看到“Successfully installed...”提示信息，没有提示红色的报错信息，即安装成功，此时，Flask-CKEditor 的依赖包便安装完成了，如图 4-4-1 所示。

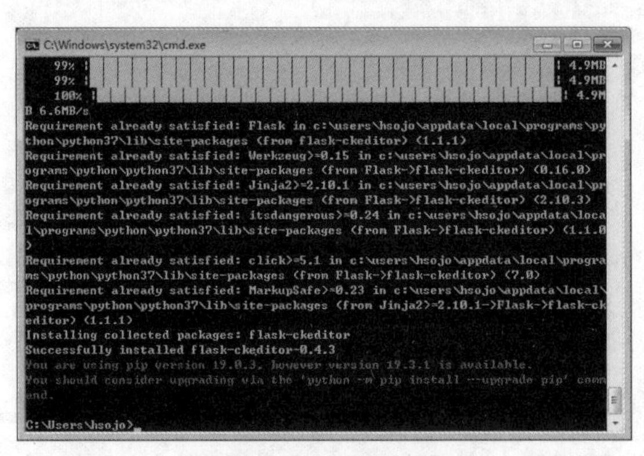

图 4-4-1　安装完成

4.4.2 基本使用

安装完成后，便可以在程序中使用 CKEditor。其初始化代码与其他模块（如 Flask-WTF、Flask-Bootstrap）的相似。以下是代码演示。

```
from flask_ckeditor import CKEditor


# 使用本地资源文件
app.config['CKEDITOR_SERVE_LOCAL'] = True
```

```
ckeditor = CKEditor()
# 初始化 Flask-CKEditor
ckeditor.init_app(app)
```

此时 CKEditor 的初始化完成，可以在程序中使用了。接下来便是定义表单类、视图函数，以及相应的模板。

（1）表单类的实现代码如下。

```
from flask_ckeditor import CKEditorField
from flask_wtf import FlaskForm
from wtforms import StringField, SubmitField
from wtforms.validators import DataRequired

class ArticleForm(FlaskForm):
    title = StringField(label='标题', validators=[DataRequired()])
    content = CKEditorField(label='内容', validators=[DataRequired()])
    submit = SubmitField(label='查看')
```

上述实现代码的是一个简单的表单类，其中使用了“CKEditorField”，Flask-CKEditor 的使用方式与其他表单字段类的基本一致。

（2）视图函数的实现代码如下。

```
@app.route('/ckeditor_article', methods=['GET', 'POST'])
def ckeditor_article():
    form = ArticleForm()

    if request.method == 'POST' and form.validate_on_submit():
        return render_template('ckeditor_view.html', form=form)
    else:
        return render_template('ckeditor_edit.html', form=form)
```

视图函数相当简洁，仅创建了表单类实例，并将其注入模板页面中进行渲染。此例中包含两个模板页面：文章编辑模板页和文章查看模板页。

（3）以下是文章编辑模板页（ckeditor_edit.html）的实现代码。

```
{% extends 'base.html' %}

{% import 'bootstrap/wtf.html' as wtf %}

{% block title %}CKEditor基本使用{% endblock %}

{% block content %}
```

```
    <div class="container">
        {{ wtf.quick_form(form) }}
    </div>
    {# 加载 CKEditor 资源 #}
    {{ ckeditor.load() }}
    {# 配置 CKEditor 控件，此处 name 与表单类字段的 content 对应 #}
    {{ ckeditor.config(name='content', height=320) }}
{% endblock %}
```

同样是快速渲染表单，与 Flask-WTF 的不同之处在于 CKEditor 需要使用 ckeditor.load()方法以及 ckeditor.config()方法进行加载。

（4）以下是文章查看模板页（ckeditor_view.html）的实现代码。

```
{% extends 'base.html' %}

{% import 'bootstrap/wtf.html' as wtf %}

{% block title %}{{ form.title.data }}{% endblock %}

{% block content %}
    <div class="container">
        <h1>{{ form.title.data }}</h1>
        <hr>
        {{ form.content.data | safe }}
    </div>
{% endblock %}
```

文章查看页的结构较为简单，但在注入表单中的“内容”数据（即文章）时，由于 CKEditor 提供的数据为 HTML 格式，此处需要使用“safe”变量过滤器关闭 HTML 转义。

文章编辑页面效果如图 4-4-2 所示。

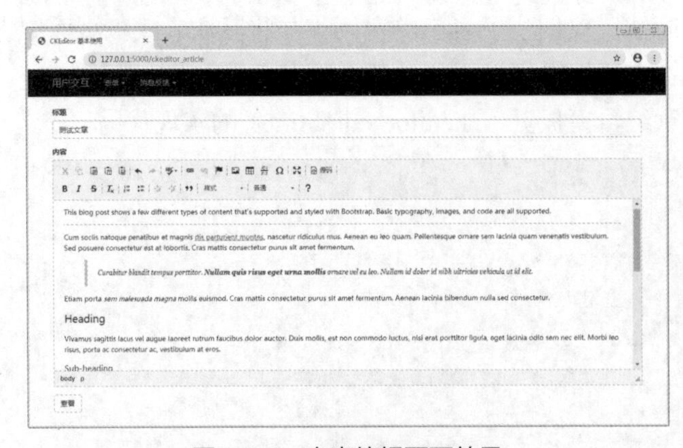

图 4-4-2　文章编辑页面效果

文章查看页面的效果如图 4-4-3 所示。

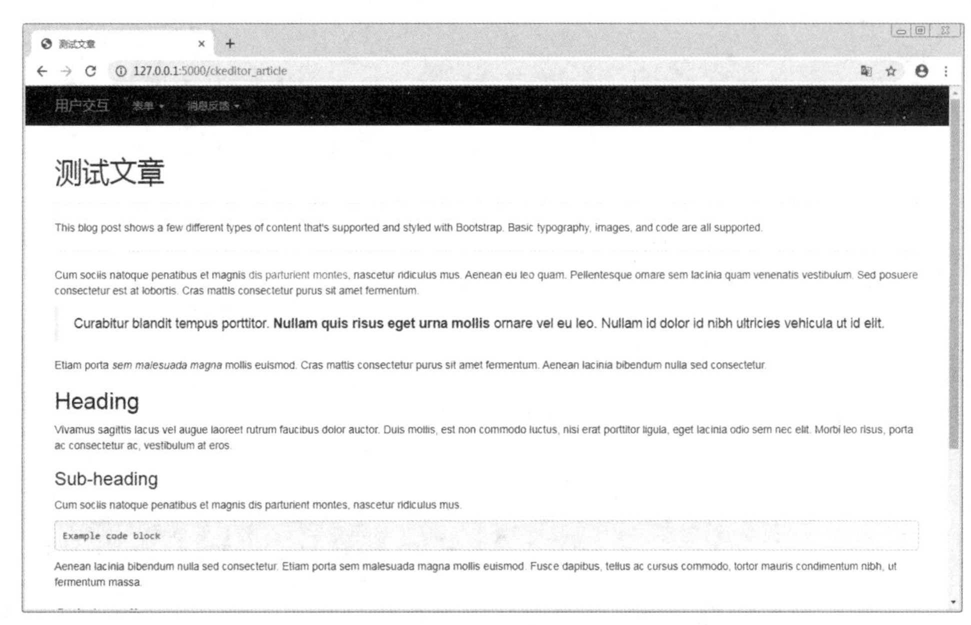

图 4-4-3 文章查看页面的效果

从以上效果图可见，CKEditor 拥有着近似于 Word 文档的编辑功能，使用起来相当便利。

4.4.3 资源上传

4.4.2 小节简单地演示了 CKEditor 的富文本编辑功能，但还不够全面。在常见的使用场景中，编辑内容的过程中需要插入图像，但前面的例子中，富文本编辑器仅支持添加在线图像，使用起来并不方便。为此，接下来需要实现图像（资源）上传功能。

实现资源上传功能需要为CKEditor指定文件上传所使用的视图函数及用于获取已上传的文件视图函数。

与 4.1.2 小节的“文件上传”有所不同，上传文件的视图函数需要使用 Flask-CKEditor 中所提供的 API 返回响应内容。

以下是上传功能的实现代码。

```
import os
from flask import send_from_directory, url_for
from flask_ckeditor import upload_fail, upload_success


# 指定文件上传所使用的视图函数
app.config['CKEDITOR_FILE_UPLOADER'] = 'upload_ckeditor'


# CKEditor 用于上传文件的视图函数
@app.route('/upload_ckeditor', methods=['POST'])
def upload_ckeditor():
```

```
        f = request.files.get('upload')
        # 检查文件扩展名
        extension = f.filename.split('.')[1].lower()
        if extension not in ['jpg', 'gif', 'png', 'jpeg', 'zip']:
            return upload_fail(message='不支持的文件！')
        f.save(os.path.join(app.config['UPLOADED_PATH'], f.filename))
        # 上传完成后返回相应链接
        return upload_success(url=url_for('uploaded_files', filename=f.
filename))
```

此处使用了 4.1.2 小节中用于获取上传文件的视图函数 uploaded_files()。

上传功能的演示效果如图 4-4-4 和图 4-4-5 所示。

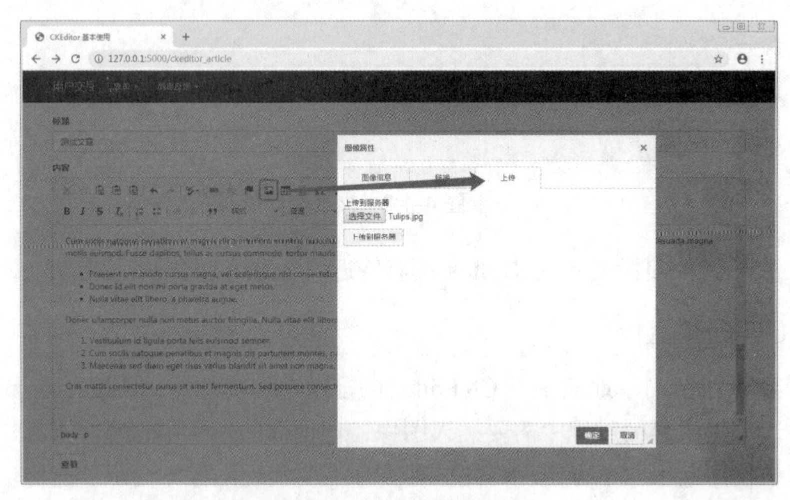

图 4-4-4　图像上传功能 1

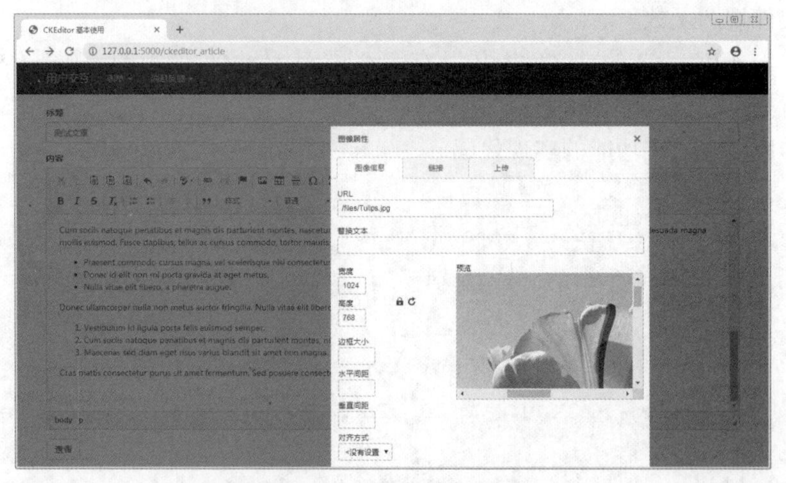

图 4-4-5　图像上传功能 2

Flask-CKEditor

在本节中，如果对操作过程有疑问，可跟随左侧视频进行操作。

4.5 小结

本章通过表单交互、消息反馈的形式，简单介绍了在 Flask 中与用户进行交互的方法，以及 CKEditor 的使用方法。

4.6 习题

1. 单选题

（1）以下（　　）不是获取 POST 数据的必要操作。

A. <form method='post'>　　B. @app.route(methods=['POST'])

C. request.form.get　　D. request.args.get

（2）以下（　　）不是 WTForms 内置的数据验证器。

A. DataRequired　B. RegexCheck　C. NumberRange　D. Optional

（3）闪现消息不支持的消息状态是（　　）。

A. success　B. danger　C. error　D. 不存在的

（4）以下（　　）语句可以正确绑定错误页面。

A. @app.errorhandler(404)　　B. @app.error(500)

C. @app.route(error=404)　　D. @app.error_route(500)

（5）关于 Flask-CKEditor，以下说法正确的是（　　）。

A. 默认支持文件上传，不需要进行适配

B. 默认支持 Markdown 语法

C. ckeditor.load()方法用于创建编辑框

D. ckeditor.config()方法用于调整编辑框属性

2. 判断题

（1）上传文件必须要为表单添加“enctype="multipart/form-data"”。（　　）

（2）“wtf.quick_form”为 Flask-WTF 内置的宏指令。（　　）

（3）在默认情况下，不需要设置“SECRET_KEY”即可使用表单。（　　）

（4）CKEditor 支持通过 Flask-WTF 进行表单验证。（　　）

（5）Flask-WTF 默认开启 CSRF 防护。（　　）

第5章 使用数据库存储内容

学习目标

- 掌握控制台与 Flask 交互的方法
- 掌握 Flask-SQLAlchemy 数据库框架的基本使用方法
- 掌握 Flask-Migrate 对数据库进行迁移的方法

提供用户注册、文章发布等功能的网站都需要存储数据，在需要存储数据的情况下便需要使用数据库。通常情况下，数据库将按照一定规则来存储数据，这些规则使得数据变得规范化，相较于文件、目录方式存储更便于管理，且大部分的主流数据库在 Flask 中都具备完善的解决方案。

5.1 SQL 数据库简介

结构化查询语言（Structured Query Language，SQL）专门为了数据库查询而设计，用于存取数据，查询、更新和管理数据库。

SQL 数据库通常是一种关系数据库，这种数据库通常会将数据存储在一个个数据表(表格）中。数据表的每一个字段（表格列）都是固定的，每一个对象的数据都映射到数据表的每一条记录（表格行）中。

5.1.1 常见的 SQL 语句

在数据库中操作数据，通常会使用相应的数据库查询语句来进行。以下是一个用户信息表，如表 5-1-1 所示。

表 5-1-1 用户信息表（user）

id（主键，自增）	username（用户名）	nickname（昵称）	sex（性别）
1	lee	小李	男
2	liu	小刘	女
3	tang	小唐	男

以下是一些常见的需求（增、删、改、查）。

如果需要查找用户名为“liu”的用户，则需要执行以下语句。

```
SELECT * FROM user WHERE username='liu';
```

如果需要获取所有性别为“男”的用户，则需要执行以下语句。

```
SELECT * FROM user WHERE sex='男';
```

如果需要修改用户“小唐”（id 为 3）的昵称为“唐先生”，则需要执行以下语句。

```
UPDATE user SET nickname='唐先生' WHERE id=3;
```

如果需要添加一个用户('marfee', '小马', '男')，则需要执行以下语句。

```
INSERT INTO user (username, nickname, sex) VALUES('marfee', '小马', '男');
```

如果需要删除用户“小李”（id 为 1），则需要执行以下语句。

```
DELETE FROM user WHERE id=1
```

以上 SQL 语句读者大致理解即可，接下来主要使用 ORM 框架对数据库进行操作，将不再直接使用 SQL 语句。

5.1.2 ORM 框架

在 5.1.1 小节的例子中，实现每一个需求都需要建立一条 SQL 语句。实际项目通常由很多个模块组合在一起，假设每一个模块都跟一个单独的数据表关联，则需要为每一个模块编写多条基本的增、删、改、查语句，不便于维护。

如果使用 Python 对这些 SQL 语句进行封装并将其作为函数使用，虽然减少了 SQL 语句的编写量，但不便于进行复杂操作，且存在显著的安全性问题，容易被 SQL 注入。这时，使用对象关系映射（Object Relational Mapping，ORM）框架可以很好地解决这个问题。

ORM 框架可以将数据映射到对象当中，且对 SQL 语句的生成进行了高度的封装，能满足绝大部分的常见需求，要实现数据的增、删、改、查，仅需操作相应对象的属性即可。

接下来，本章将基于 Flask-SQLAlchemy（ORM 框架），以 SQLite 数据库为例，对数据库操作进行讲解。

5.1.3 安装 SQLiteStudio

SQLiteStudio 是一款开源免费的 SQLite 数据库可视化工具，简单易用。读者可以在 SQLiteStudio 的官网中下载 SQLiteStudio，如图 5-1-1 和图 5-1-2 所示。

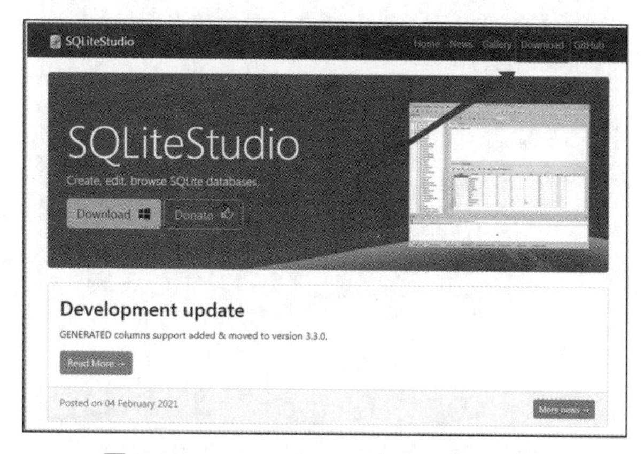

图 5-1-1 SQLiteStudio 官方下载页面 1

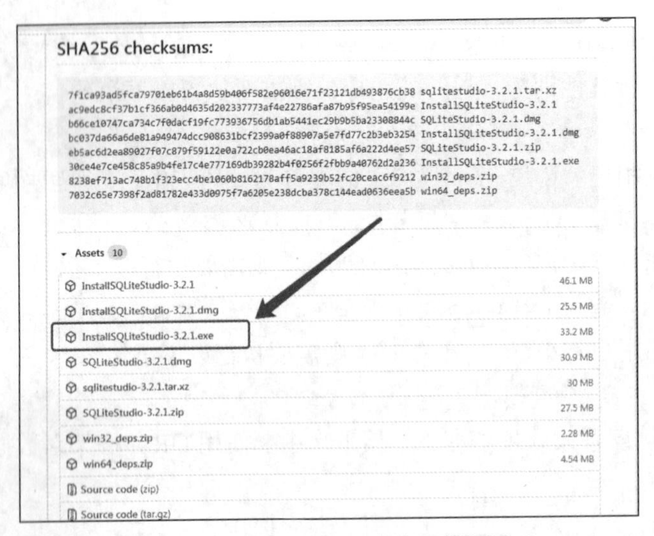

图 5-1-2　SQLiteStudio 官方下载页面 2

下载完成后，保持默认选项设置进行安装即可，如图 5-1-3 和图 5-1-4 所示。

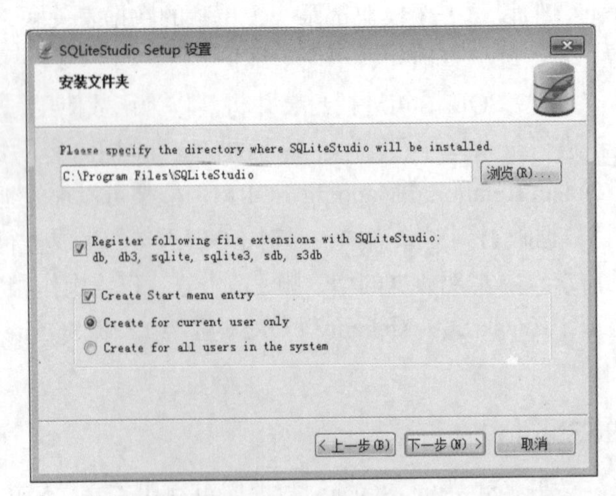

图 5-1-3　安装界面 1

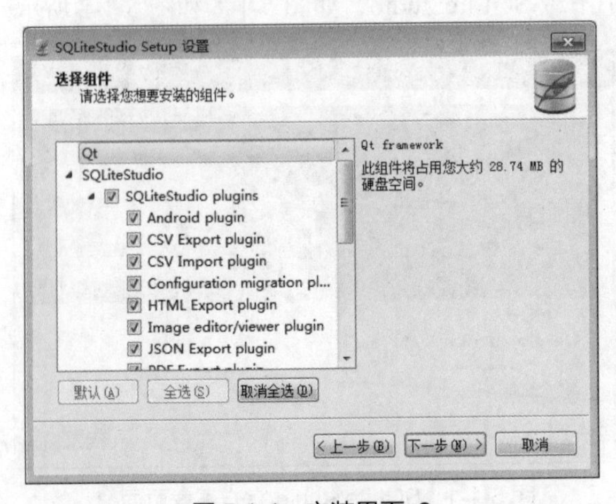

图 5-1-4　安装界面 2

安装完成后可见到图 5-1-5 所示的界面。

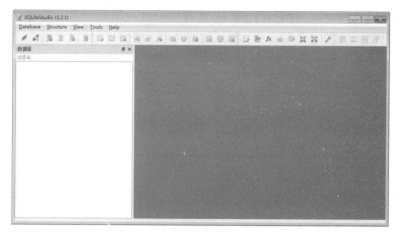

图 5-1-5 SQLiteStudio 主界面

在后文中，将会使用该工具进行数据展示。

5.2 Flask-Script

在讲解数据库操作之前，为了便于后面内容的演示，先来讲解 Flask-Script 的基本使用方法。Flask-Script 是一个命令行操作的扩展模块，可以在命令行中启动相应的功能。

5.2.1 安装依赖

与安装 Flask 的操作一致，打开命令提示符窗口，输入以下命令。

```
pip install flask-script==2.0.6
```

执行上述命令之后，能看到“Successfully installed...”提示信息，没有提示红色的报错信息，即安装成功，此时，Flask-Script 的依赖包便安装完成了，如图 5-2-1 所示。

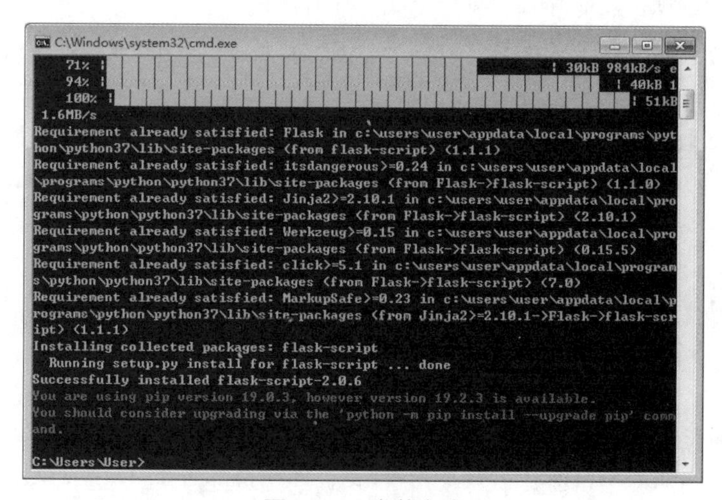

图 5-2-1 安装完成

5.2.2 托管应用

在之前编写的例子中，只要执行 app.py 文件，Flask 应用就开始运行了，无法进行其他操作。如果需要为应用添加启动选项，如添加命令用于清除缓存、添加管理员等其他操作，则需要使用 Flask-Script 中的 Manager 对应用进行托管。

Manager 可以根据用户输入的启动选项（命令）进行不同的操作，在注册命令之前，需要对 Manager 进行初始化。

以下是演示代码。

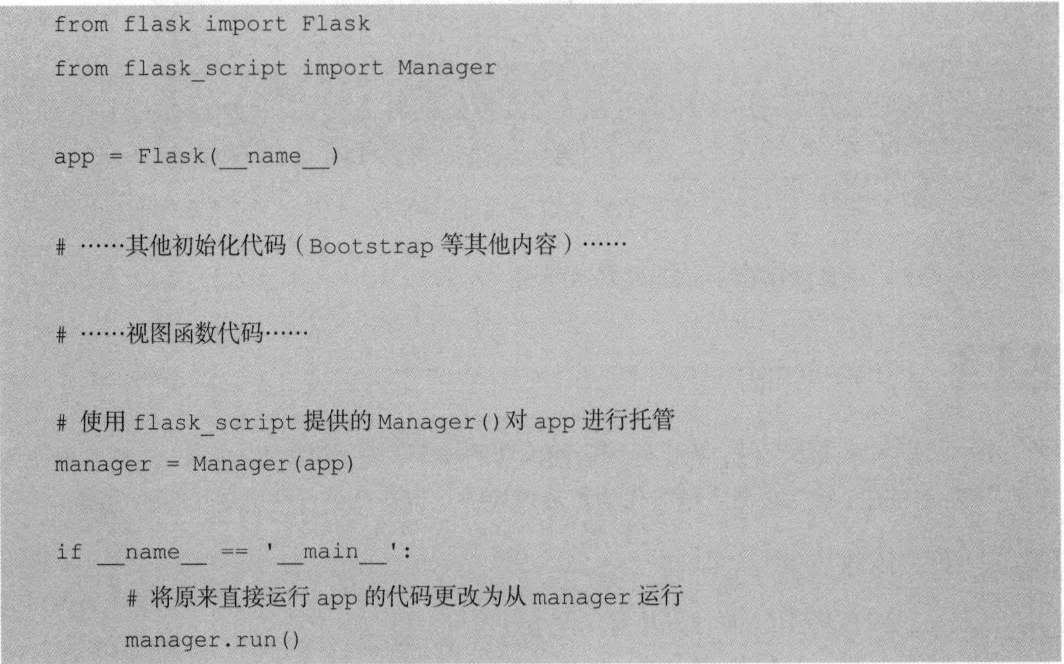

```
from flask import Flask
from flask_script import Manager

app = Flask(__name__)

# ……其他初始化代码（Bootstrap 等其他内容）……

# ……视图函数代码……

# 使用 flask_script 提供的 Manager() 对 app 进行托管
manager = Manager(app)

if __name__ == '__main__':
    # 将原来直接运行 app 的代码更改为从 manager 运行
    manager.run()
```

以下是通过命令行启动 Flask 项目的步骤。

（1）获取项目所在位置，将鼠标指针指向项目位置，单击鼠标右键，在快捷菜单中选择“Copy Path”选项，复制路径，如图 5-2-2 所示。

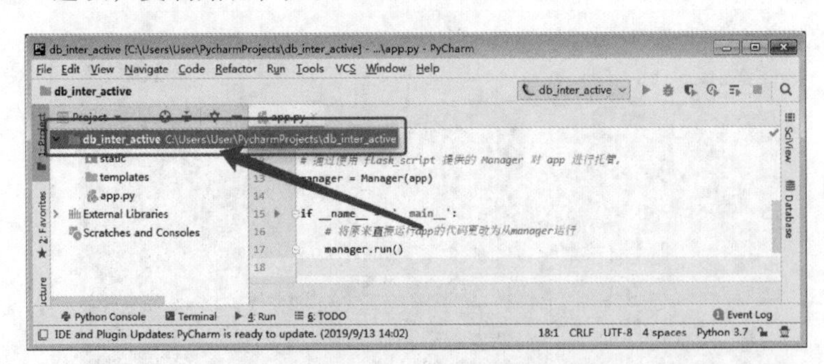

图 5-2-2 复制路径

（2）打开命令提示符窗口，输入“cd [路径]”，如图 5-2-3 所示，此处的[路径]可以通过粘贴命令得到，如果项目所在盘符不为“C:”，如项目部署于 D 盘，则需要输入“D:”后再操作。

图 5-2-3　进入项目目录

（3）输入“python app.py”可启动对应的 Flask 项目，如图 5-2-4 所示。

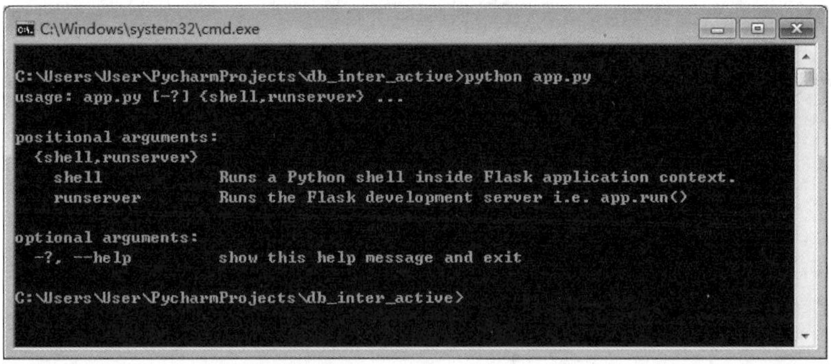

```
C:\Users\User\PycharmProjects\db_inter_active>python app.py
usage: app.py [-?] {shell,runserver} ...

positional arguments:
  {shell,runserver}
    shell               Runs a Python shell inside Flask application context.
    runserver           Runs the Flask development server i.e. app.run()

optional arguments:
  -?, --help            show this help message and exit

C:\Users\User\PycharmProjects\db_inter_active>
```

图 5-2-4　启动 Flask 项目

此时可以看到，不加参数启动会输出帮助信息，同时，图中的“positional arguments”下的内容在默认情况下是可以被执行的命令。shell 命令可以进入交互式 shell，而 runserver 命令的作用则相当于平时单击▶按钮运行应用。

在前面的操作中，常有需要在命令提示符窗口中操作的过程。在 PyCharm 中，为了简化操作，可以单击“Terminal”按钮快速打开命令提示符窗口，如图 5-2-5 所示。

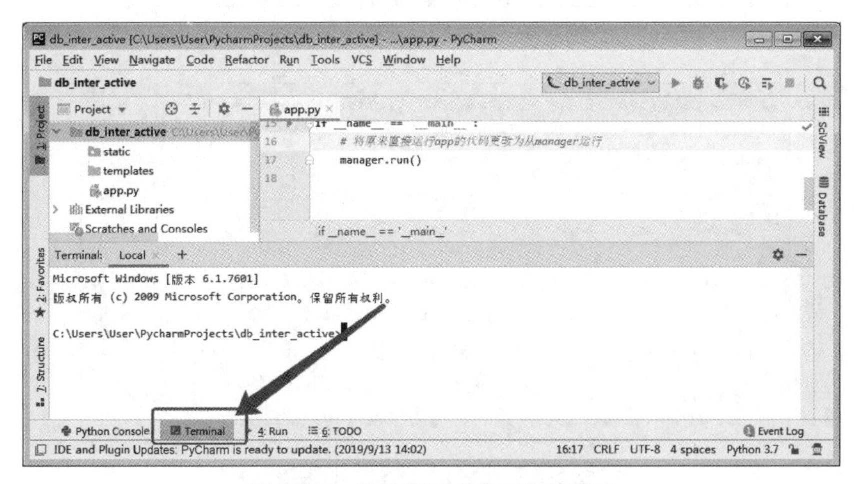

图 5-2-5　快速打开命令提示符窗口

使用此方法打开命令提示符窗口将直接进入项目目录，推荐使用该方法。

5.2.3 注册命令

5.2.2 小节介绍了如何通过 Flask-Script 提供的 Manager 托管应用，本小节演示如何注册命令，并通过命令完成与应用的交互。

以下是一段简单的演示代码。

```
# 注册命令到manager
@manager.command
def test():
    print('这是一个测试用的命令')
```

与视图函数相似，此处使用 manager.command 装饰器对 test()函数进行修饰，轻而易举便可完成命令的注册。

演示效果如图 5-2-6 和图 5-2-7 所示。

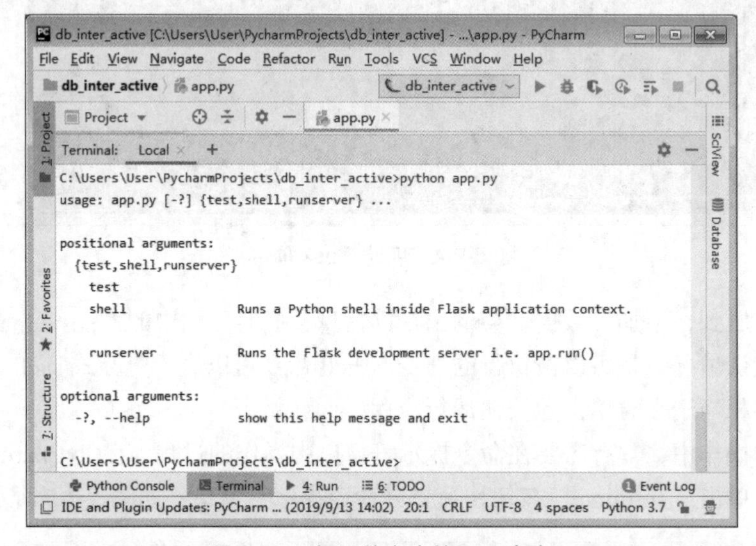

图 5-2-6 提示信息中的 test 命令

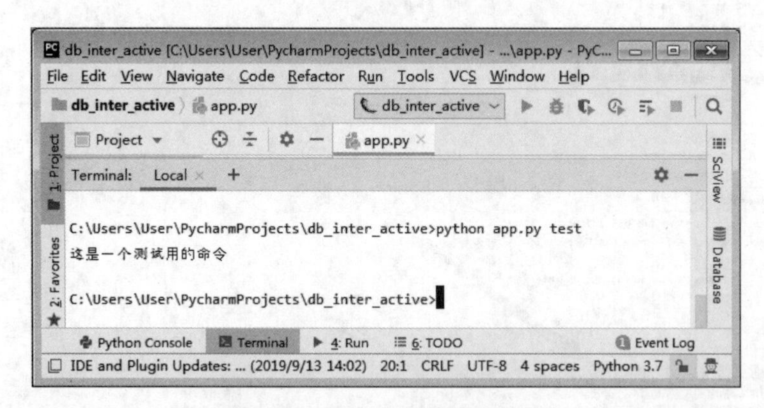

图 5-2-7 运行 test 命令的结果

从图 5-2-7 可见，成功执行了 test()函数中的代码。如果要实现其他业务逻辑，仅需要将代码修改成相应的代码即可。

5.2.4 创建交互式 shell

在前面的例子中，使用 Manager 托管应用之后，如果不加参数运行，可在命令列表中见到 shell 命令。当执行 shell 命令之后，将会进入当前项目环境的 Python 交互式 shell。运行交互式 shell 之后可以见到左边的输入提示变成了“>>>”，此时可以输入 Python 代码。

但在这个环境中，仅包含了 Flask 应用实例，没有包含其他上下文环境变量。如果需要访问其他内容进行交互，则需要为 shell 添加上下文环境变量。

以下是演示代码。

```
from flask_script import Manager, Shell

app = Flask(__name__)

manager = Manager(app)

# 此处 users 变量需要在 shell 环境中直接访问
users = ['Bill', 'Hunter', 'Carlos']
# 该函数用于创建 shell 上下文，将对象注册到 shell（类似于环境变量）
def make_shell_context():
    return dict(
        users=users,
    )

manager.add_command("shell", Shell(make_context=make_shell_context))
```

此时在 shell 中即可直接访问 users 变量，如图 5-2-8 所示。

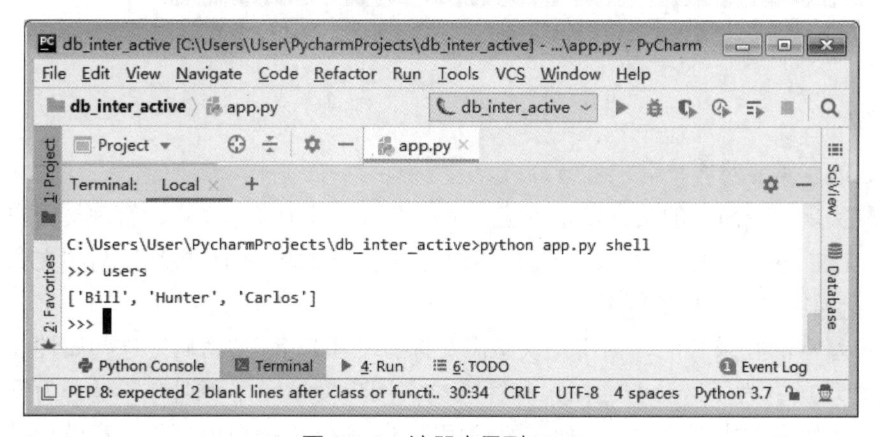

图 5-2-8 注册变量到 shell

Flask-Script

在本节中，如果对操作过程有疑问，可跟随右侧视频进行操作。

5.3 Flask-SQLAlchemy

SQLAlchemy 是 Python 下非常好的 ORM 框架，支持使用 MySQL、PostgreSQL、SQLite 等主流数据库。Flask-SQLAlchemy 基于 SQLAlchemy 对 Flask 进行了适配，使其在 Flask 下的使用变得简单。

5.3.1 安装依赖

与安装 Flask 的操作一致，打开命令提示符窗口，输入以下命令。

```
pip install flask-sqlalchemy==2.4.1
```

执行上述命令之后，能看到“Successfully installed...”提示信息，没有提示红色的报错信息，即安装成功，此时，Flask-SQLAlchemy 的依赖包便安装完成了，如图 5-3-1 所示。

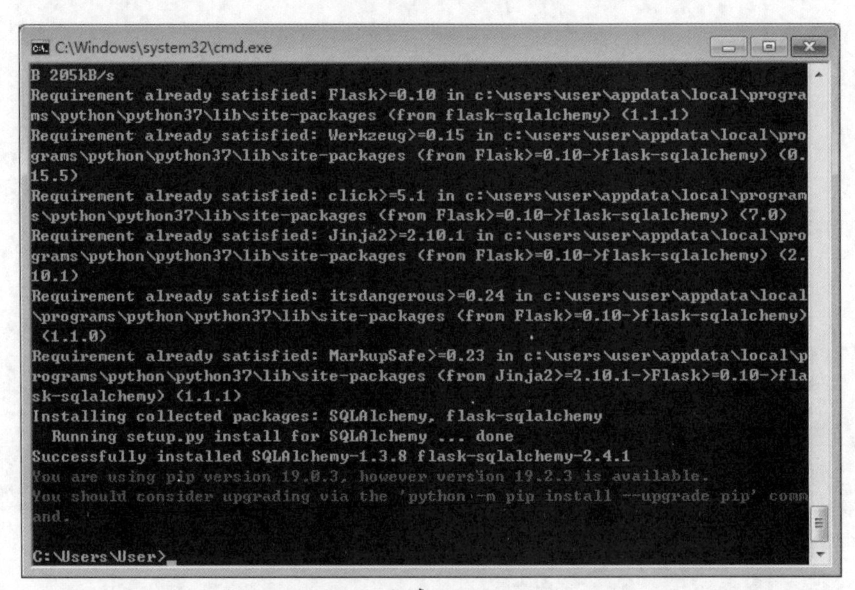

图 5-3-1 安装完成

5.3.2 建立模型

在建立模型之前，需要对客户需求进行分析。

假设现在需要实现一个简单的文章发布系统，用户可以在其中发布文章，管理员用户可管理（增、删、改、查）所有文章。此处可以将以上需求分解为“用户模块”与“文章模块”，然后为各个模块设计相应的模型。

如果需要实现基本的登录功能，则用户模型需要拥有“用户名”“密码”这些属性。用户还可以作为管理员，为了区分普通用户和管理员，用户模型还需要拥有“是否为管理员”属性。另外，如果需要创建文章，便需要使用“id”属性将用户模型与文章模型进行关联。

用户模型的结构如表 5-3-1 所示。

表 5-3-1 用户模型的结构

模型属性	Python 中数据类型	数据表中字段类型	说明
id	int	INTEGER	用于指向用户的唯一编号
username	str	VARCHAR	用户名
password	str	VARCHAR	密码
is_admin	bool	BOOLEAN	是否为管理员

与用户模型同理，根据功能将文章模型所需的属性提炼出来。

文章模型的结构如表 5-3-2 所示。

表 5-3-2 文章模型的结构

模型属性	Python 中数据类型	数据表中字段类型	说明
id	int	INTEGER	用于指向文章的唯一编号
title	str	VARCHAR	文章标题
content	str	VARCHAR	文章正文内容

接下来便是将模型的设计转换成实现代码。

Flask-SQLAlchemy 的初始化代码如下。

```
from flask_sqlalchemy import SQLAlchemy
import os

# 设置数据库存储位置
basedir = os.path.abspath(os.path.dirname(__file__))
app.config['SQLALCHEMY_DATABASE_URI'] = 'sqlite:///' + os.path.join
(basedir, 'data.sqlite')
app.config['SQLALCHEMY_TRACK_MODIFICATIONS'] = False

# flask_sqlalchemy 初始化代码
db = SQLAlchemy(app)
db.init_app(app)
```

在 Flask-SQLAlchemy 中，通常情况下，所有模型都需要继承自“db.Model”。

定义用户模型（UserModel）的代码如下。

```
class UserModel(db.Model):
    __tablename__ = 'user'
```

```
        id = db.Column(db.INTEGER, primary_key=True, autoincrement=True)
        username = db.Column(db.VARCHAR, unique=True)
        password = db.Column(db.VARCHAR)
        is_admin = db.Column(db.BOOLEAN, default=False, nullable=False)
```

定义文章模型（ArticleModel）的代码如下。

```
    class ArticleModel(db.Model):
        __tablename__ = 'article'

        id = db.Column(db.INTEGER, primary_key=True)
        title = db.Column(db.VARCHAR)
        content = db.Column(db.VARCHAR)
```

模型类定义完成后开始初始化数据库文件。此时需要使用 5.2.4 小节介绍的交互式 shell 进行操作；需要注册交互模型、SQLAlchemy 实例（即 db 对象）到 shell 上下文环境中。完整的代码如下所示。

```
    from flask_sqlalchemy import SQLAlchemy
    from flask_script import Manager, Shell
    import os

    app = Flask(__name__)

    # 设置数据库存储位置
    basedir = os.path.abspath(os.path.dirname(__file__))
    app.config['SQLALCHEMY_DATABASE_URI'] = 'sqlite:///' + os.path.join
(basedir, 'data.sqlite')
    app.config['SQLALCHEMY_TRACK_MODIFICATIONS'] = False

    # flask_sqlalchemy 初始化代码
    db = SQLAlchemy(app)
    db.init_app(app)
    manager = Manager(app)

    class UserModel(db.Model):
        __tablename__ = 'user'

        id = db.Column(db.INTEGER, primary_key=True, autoincrement=True)
        username = db.Column(db.VARCHAR, unique=True)
```

```
    password = db.Column(db.VARCHAR)
    is_admin = db.Column(db.BOOLEAN, default=False, nullable=False)

class ArticleModel(db.Model):
    __tablename__ = 'article'

    id = db.Column(db.INTEGER, primary_key=True)
    title = db.Column(db.VARCHAR)
    content = db.Column(db.VARCHAR)

def make_shell_context():
    return dict(
        db=db,
        UserModel=UserModel,
        ArticleModel=ArticleModel,
    )

manager.add_command("shell", Shell(make_context=make_shell_context))

if __name__ == '__main__':
    manager.run()
```

在命令提示符窗口（终端）中执行以下代码。

```
# 在命令提示符窗口中启动 shell
python app.py shell
```

此时进入交互式 shell 后，再执行以下代码。

```
# 根据已加载的模型创建相应数据表
db.create_all()
```

此时，项目目录中将会创建一个名为“data.sqlite”的数据库文件，如图 5-3-2 所示。

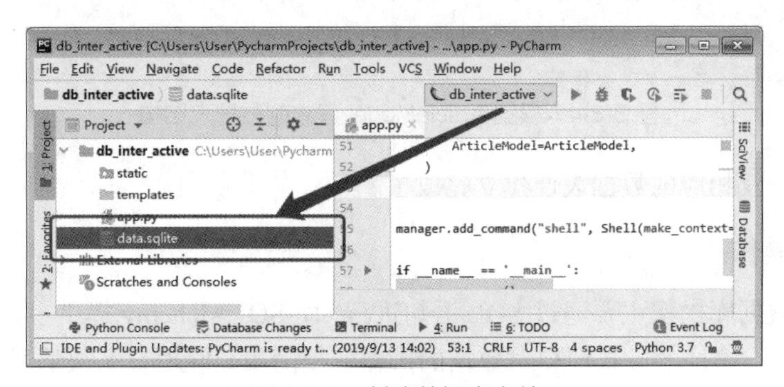

图 5-3-2　创建数据库文件

使用可视化工具查看该数据库中 user 表和 article 表的表结构，如图 5-3-3 和图 5-3-4 所示。

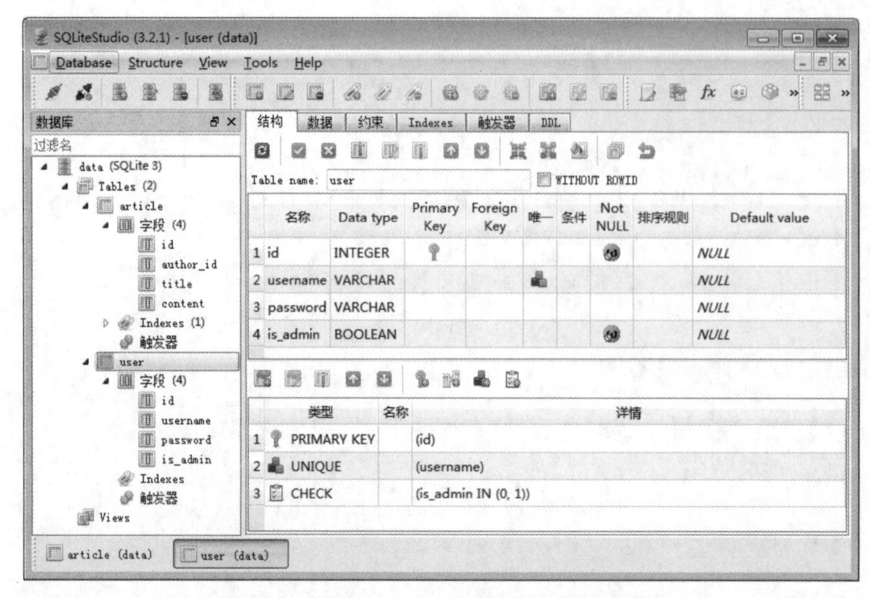

图 5-3-3　根据 UserModel 建立的数据表结构

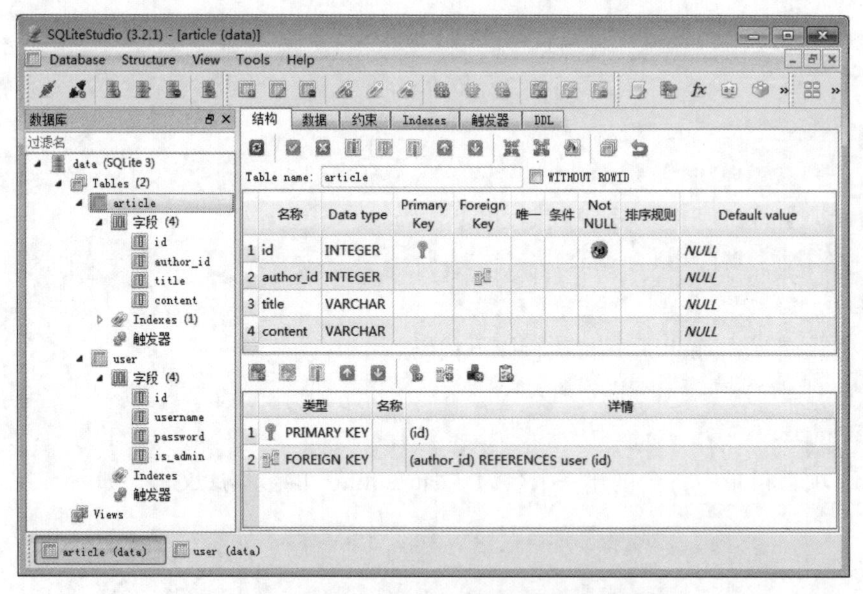

图 5-3-4　根据 ArticleModel 建立的数据表结构

到此，模型及相应的数据表便建立完成了。

5.3.3　数据操作

前文提到数据库操作主要通过 SQL 语句进行，而 SQLAlchemy 提供了将数据映射到对象中的操作方式。这样的方式使得对数据的操作变得简单，使用者无须学习 SQL 语法即可完成数据操作。

接下来的操作将在交互式 shell 中进行，首先需要在命令提示符窗口中启动 Shell（参考 5.2.4 小节进行操作）。

1. 添加数据

在添加数据之前，需要创建相应的对象。以用户模型为例，“用户注册”便是添加用户对象到数据表中。

以下是代码（交互式 shell）演示。

```
# 创建用户对象
user_1 = UserModel(
    username='admin',
    password='123456',
    is_admin=True,
)

user_2 = UserModel(
    username='user',
    password='123456',
    is_admin=False,
)
```

此时，对象创建之后，并没有被立刻存放到数据库中。接下来需要将用户对象添加到数据操作会话中，由 SQLAlchemy 解析会话中各对象的操作，并将操作提交到数据库中执行。

```
# 将用户对象添加到数据操作队列
db.session.add(user_1)
db.session.add(user_2)
# 提交更改到数据库
db.session.commit()
```

完成以上操作以后，就可以在数据库中查询到相应的数据，如图 5-3-5 所示。

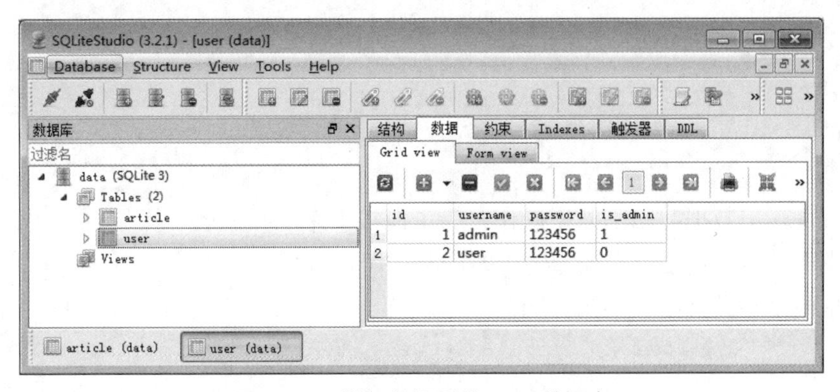

图 5-3-5　增加数据后的 user 数据表

2. 查询数据

前面使用可视化工具可以方便地查看所有数据，但如果需要在 Python 中获取相应的用户数据，则需要通过模型类查询来实现。如果要实现用户登录，便只需要将用户输入数据与数据库中查询到的用户数据进行比较，正确则登录成功，反之登录失败。

以下是模型类查询的代码（交互式 shell）演示。

```
# 获取所有用户对象
users = UserModel.query.all()
print(users)
# 获取所有符合条件的用户对象
users = UserModel.query.filter_by(is_admin=True).all()
print(users)
# 获取所有符合条件的用户对象的数量
num = UserModel.query.filter_by(is_admin=True).count()
print(num)
# 获取一个符合条件的用户对象
user = UserModel.query.filter(UserModel.id > 1).first()
print(user)
```

以上是一些常见的查询方法，运行结果如下所示。

```
[<UserModel 1>, <UserModel 2>]
[<UserModel 1>]
1
<UserModel 2>
```

此时，输出模型对象无法展示其包含的数据。要展示模型对象包含的数据，输出模型对象相应的属性即可，在 shell 中的运行结果如下所示。

```
>>> print(user.id)
2
>>> print(user.username)
user
>>> print(user.password)
123456
>>> print(user.is_admin)
False
```

逐个属性输出数据终归不便于操作，为了使接下来的数据展示操作更方便，我们在此建立一个模型基类，用于重写模型输出时的格式（可选操作）。

以下是模型基类代码。

```
from flask_sqlalchemy import BaseQuery, Model, SQLAlchemy
```

```
# 定义所有模型的基类
class BaseModel(Model):
    # 声明 query 属性的类型，以获得代码提示补全
    query: BaseQuery

    # 定义模型初始化方法
    def __init__(self, **kwargs):
        # 将参数传入父类初始化方法
        super(BaseModel, self).__init__(**kwargs)

    # 定义对象输出格式，方便输出预览
    def __repr__(self):
        fields = []
        # 获取对象原始数据
        for k, v in self.__dict__.items():
            # 只输出相关属性
            if k[0] != '_':
                # 防止模型关联后无限递归
                if isinstance(v, BaseModel):
                    fields.append('%s=<%s ...>' % (k,
v.__class__.__name__))
                elif isinstance(v, str):
                    fields.append("%s='%s'" % (k, v))
                else:
                    fields.append('%s=%a' % (k, v))

        # 拼接显示结果
        result = '<%s %s>' % (self.__class__.__name__,' '.join(fields))
        return result
```

修改各模型的继承，如为用户模型添加模型基类的继承。

```
class UserModel(db.Model, BaseModel):
    __tablename__ = 'user'

    id = db.Column(db.INTEGER, primary_key=True, autoincrement=True)
    username = db.Column(db.VARCHAR, unique=True)
    password = db.Column(db.VARCHAR)
    is_admin = db.Column(db.BOOLEAN, default=False, nullable=False)
```

然后执行前面的查询代码，可以得出以下结果。

```
[<UserModel username='admin' password='123456' is_admin=True id=1>,
<UserModel username='user' password='123456' is_admin=False id=2>]
[<UserModel username='admin' password='123456' is_admin=True id=1>]
1
<UserModel username='user' password='123456' is_admin=False id=2>
```

这样可以在一定程度上更方便地查看模型中所包含的数据。

3. 修改数据

修改数据的操作建立于查询数据的基础之上。获取到模型对象后，为对象属性进行赋值，再将模型对象加入数据操作队列，执行提交即可对数据进行改动。

以下是修改数据的代码（交互式 shell）演示。

```
# 获取 id 为 2 的用户对象，并提交更改到数据库
user = UserModel.query.get(2)  # type: UserModel
user.password = 'admin'
user.is_admin = True

db.session.add(user)
db.session.commit()
```

在数据库中查看相应数据，如图 5-3-6 所示。

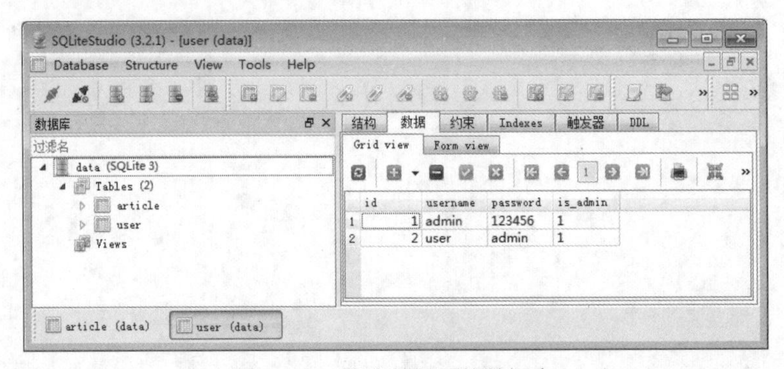

图 5-3-6 修改数据后的数据表

4. 删除数据

删除数据的操作亦是建立于查询数据基础之上的，在获取到模型对象后，将模型对象加入数据操作队列，执行提交即可进行改动。不同之处在于，删除时使用 delete()方法进行操作。

以下是删除数据的代码（交互式 shell）演示。

```
# 获取特定 id 的用户对象，并将其从数据库中删除
user_1 = UserModel.query.get(1)  # type: UserModel
user_2 = UserModel.query.get(2)  # type: UserModel
```

```
db.session.delete(user_1)
db.session.delete(user_2)
db.session.commit()
```

在数据库中查看相应数据，如图 5-3-7 所示。

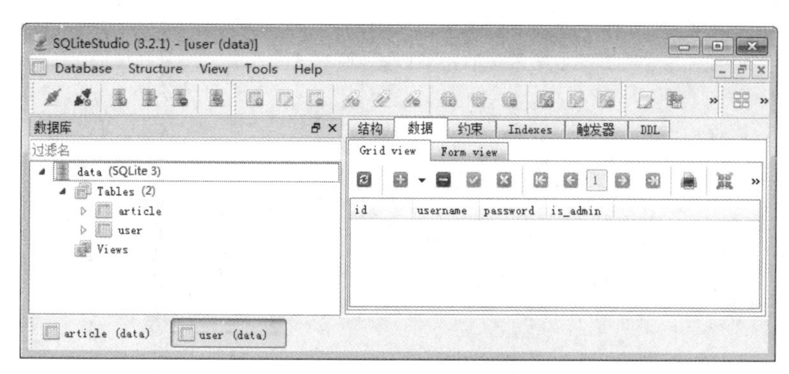

图 5-3-7 删除数据后的数据表

5.3.4 高级查询

5.3.3 小节仅演示了通过条件筛选的方式对数据进行查询。本小节将演示获取特定位置/数量的数据、对数据进行排序、字符串包含判断，以及复合条件查询（and/or）的操作步骤。

这次使用之前创建的文章模型进行演示。在操作之前，需要添加一些测试数据，在交互式 shell 中执行以下代码。

```
# 快速添加 5 个测试用的文章模型
for i in range(5):
    article = ArticleModel(title='文章_%d' % i, content=
'This is article_%d.' % i)
    db.session.add(article)

article = ArticleModel(title='测试文章 1', content='Hello World!')
db.session.add(article)

article = ArticleModel(title='测试文章 2', content='Hello Flask!')
db.session.add(article)

db.session.commit()
```

以下是查询代码（交互式 shell）演示。

```
# 从第 3 个对象（索引从 0 开始）开始，获取所有数据
articles = ArticleModel.query.offset(2).all()
print(articles)
```

```
# 获取前 2 个对象
articles = ArticleModel.query.limit(2).all()
print(articles)

# 从第 2 个对象开始，获取 3 个对象
articles = ArticleModel.query.offset(1).limit(3).all()
print(articles)

# 获取所有文章对象，并根据 id 对所有文章进行降序排列
articles = ArticleModel.query.order_by(ArticleModel.id.desc()).all()
print(articles)

# 获取所有文章对象，并根据 id 对所有文章进行升序排列（默认）
articles = ArticleModel.query.order_by(ArticleModel.id.asc()).all()
print(articles)

# 获取文章内容中包含“Hello”的所有文章
articles = ArticleModel.query.filter(ArticleModel.content.contains
('Hello')).all()
print(articles)

# 引入 and_、or_ 操作
from sqlalchemy import and_, or_

# 获取文章内容中包含“article”，或文章标题中包含“测试”的所有文章
articles = ArticleModel.query.filter(or_(
        ArticleModel.content.contains('article'),
        ArticleModel.title.contains('测试'),
)).all()
print(articles)

# 获取 id > 3，且文章内容中包含“article”的所有文章
articles = ArticleModel.query.filter(and_(
        ArticleModel.id > 3,
        ArticleModel.content.contains('article'),
)).all()
```

```
print(articles)
```

由于查询结果篇幅较长，此处不做展示，有兴趣的读者可自行操作。

5.3.5　模型关联

在前面的章节中，建立了两个模型：一个是用户模型，另一个是文章模型。在网站使用流程中，文章由用户创建，即每一篇文章都会对应一个作者；可以根据文章找到对应的用户，也可以根据特定的用户查询到与之对应的文章。

要实现上述效果，仅需为这两个模型建立外键关联。

在文章模型代码中添加外键（作者 id），以及反向关联属性（在用户模型中定义），以下是代码演示。

```
class ArticleModel(db.Model, BaseModel):
    __tablename__ = 'article'

    id = db.Column(db.INTEGER, primary_key=True)
    title = db.Column(db.VARCHAR)
    content = db.Column(db.VARCHAR)

    # 此处根据作者（用户）id 与文章模型进行外键关联
    # 作者（用户）id 不为主键，为了保证查询效率，需要为字段建立索引（index=True）
    author_id = db.Column(db.INTEGER, db.ForeignKey(UserModel.id), index=
True)

    # 在 UserModel 中建立一对多关联时，为 ArticleModel 添加了反向关联属性
    # 此处为 ArticleModel 声明 author 属性类型，以便于 IDE 进行识别
    author: UserModel
```

在用户模型中建立反向关联，以下是代码演示。

```
class UserModel(db.Model, BaseModel):
    id = db.Column(db.INTEGER, primary_key=True, autoincrement=True)
    username = db.Column(db.VARCHAR, unique=True)
    password = db.Column(db.VARCHAR)
    is_admin = db.Column(db.BOOLEAN, default=False, nullable=False)

    # 建立一对多映射关系（uselist=True）
    # 为了便于 IDE 识别变量类型，此处声明 articles 类型为 list
    articles: list = db.relationship('ArticleModel', backref='author',
uselist=True)
```

此时，模型结构相较于之前的数据表发生了改变，需要重新创建数据表，并添加相关测试数据。

以下是用户数据表的相关代码（交互式 shell）演示。

```
# 重建所有已加载模型的数据表
db.drop_all()
db.create_all()

# 创建用户对象
user_1 = UserModel(
    username='admin',
    password='123456',
    is_admin=True,
)

user_2 = UserModel(
    username='user',
    password='123456',
    is_admin=False,
)


# 将用户对象提交到数据操作队列
db.session.add(user_1)
db.session.add(user_2)
# 提交更改到数据库
db.session.commit()
```

上述代码创建了两个用户，接下来便可以创建文章并与用户进行关联。

以下是用两种方式添加文章的代码（交互式 shell）演示。

```
# 根据用户模型关联属性进行文章添加
user_1 = UserModel.query.get(1)  # type: UserModel
user_1.articles.append(ArticleModel(title='文章_1', content='no message.'))
db.session.add(user_1)

# 根据文章模型反向关联属性与用户进行关联并添加文章
user_2 = UserModel.query.get(2)
article = ArticleModel(title='文章_2', content='no message.')
article.author = user_2
```

```
db.session.add(article)

db.session.commit()
```

此时在数据库中可以看到相应的文章数据，如图 5-3-8 所示。

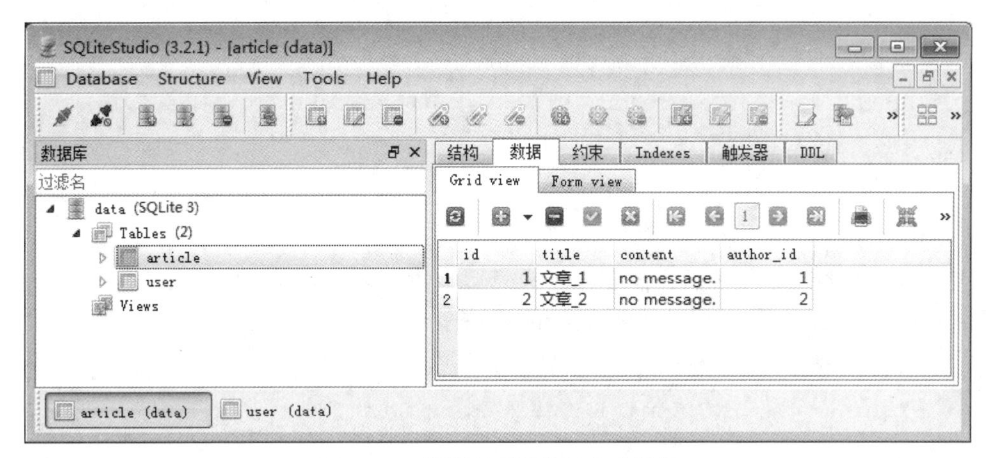

图 5-3-8　根据关联添加的文章数据

以下是在 shell 中展示的文章模型数据。

```
>>> print(user_1.articles)
[<ArticleModel id=1 content='no message.' author_id=1 title='文章_1'>]
>>> article = user_2.articles[0]
>>> print(article)
<ArticleModel title='文章_2' content='no message.' author_id=2 id=2
author=<UserModel ...>>
>>> print(article.author)
<UserModel username='user' password='123456' is_admin=False id=2
articles=[<ArticleModel title='\u6587\u7ae0_2' content='no message.'
author_id=2 id=2 author=<UserModel ...>>]>
```

以上便是用户模型与文章模型简单的一对多关联的实现。此时，再来回顾前面所设计的用户模型，这个模型仅包含了用户名、密码、是否为管理员 3 个基本属性（字段），其实际上仅用于用户账号验证。

如果现在需要为每一个用户添加对应的性别、介绍等多项信息，可以创建用户信息模型，并与用户模型进行一对一关联实现。这样做可以在不修改用户模型的情况下，为用户扩展信息展示功能。

用户信息模型类定义代码如下所示。

```
class UserInfoModel(db.Model, BaseModel):
    __tablename__ = 'user_info'
```

```
        # 由于在 UserModel 中建立了映射关系，在 backref 参数中使用 "user" 属性进行反
向关联
        # 为了便于代码编写，需要在此处声明关联属性类型
        user: UserModel

        # 设置外键，根据 UserModel 的 id 字段进行关联
        user_id = db.Column(db.INTEGER, db.ForeignKey(UserModel.id),
primary_key=True)
        sex = db.Column(db.INTEGER)
        introduce = db.Column(db.TEXT)
```

用户信息模型建立完成后，需要在用户模型中建立反向关联，代码如下所示。

```
    class UserModel(db.Model, BaseModel):
        id = db.Column(db.INTEGER, primary_key=True, autoincrement=True)
        username = db.Column(db.VARCHAR, unique=True)
        password = db.Column(db.VARCHAR)
        is_admin = db.Column(db.BOOLEAN, default=False, nullable=False)

        # 建立一对一映射关系（uselist=False）
        # backref 参数用于在 UserInfoModel 的 "user" 属性中建立反向关联
        # cascade 参数用于关联模型操作，如删除 UserModel 对象时，同时删除相应的
UserInfoModel 对象
        info = db.relationship('UserInfoModel', backref='user', uselist=False,
cascade='all')
```

接下来通过 3 种不同方式创建用户并设置用户信息，以下是代码（交互式 shell）演示。

```
    # 由于前面建立了新的模型，所以在操作数据前需要创建相应数据表
    db.create_all()

    # 与使用普通方式创建模型一致，在构造参数中关联信息模型
    user_3 = UserModel(
        username='test',
        password='123456',
        is_admin=False,
        info=UserInfoModel(sex=1, introduce='This is user 3.'),
    )

    # 创建用户模型后，通过设置属性关联用户信息模型
    user_4 = UserModel(
```

```
    username='master',
    password='123456',
    is_admin=False,
)
user_4.info = UserInfoModel(sex=1, introduce='This is user 4.')

# 创建用户信息模型后，通过反向关联的方式关联用户模型
user_5 = UserModel(
    username='slave',
    password='123456',
    is_admin=False,
)
UserInfoModel(sex=2, introduce='This is user 5.').user = user_5

db.session.add(user_3)
db.session.add(user_4)
db.session.add(user_5)
db.session.commit()
```

此时用户数据表与用户信息数据表的状态如图 5-3-9 和图 5-3-10 所示。

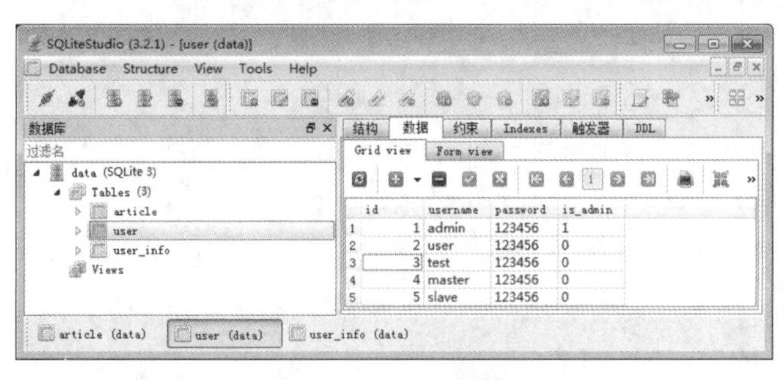

图 5-3-9　用户数据表

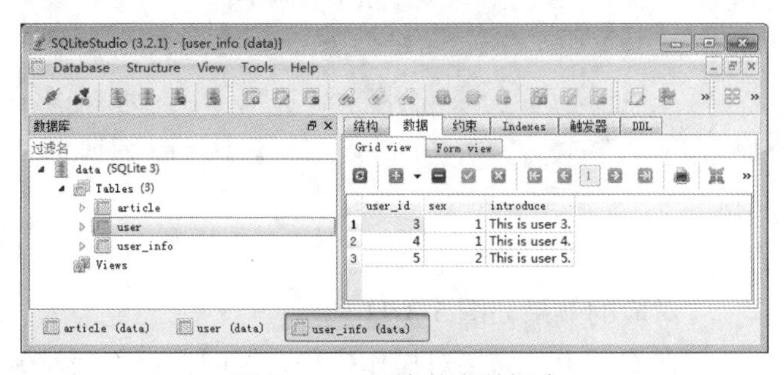

图 5-3-10　用户信息数据表

由于以前创建的用户并没有关联用户信息，故此处的用户信息数据表不包含 admin 用户与 user 用户的信息。以上便是模型一对一关联的实现。

5.3.6 数据分页显示

数据分页显示是一个很常见的功能。例如之前所设计的文章模型，当文章数量达到一定程度（例如 10 篇）时，便不再适合在单个页面中展示，这时便需要用到数据分页显示功能，使每一页加载部分文章数据。

当然，像这种常见需求，Flask-SQLAlchemy 与 Flask-Bootstrap 都已经实现好了，只要引入相应功能并使用即可。

以下是数据分页功能视图函数的代码。

```
@app.route('/paginator')
def paginator():
    # 每页显示 3 篇文章
    pagination = ArticleModel.query.paginate(per_page=3)
    return render_template('paginator.html', pagination=pagination)
```

模板页面的代码如下。

```
{% extends 'bootstrap/base.html' %}

{# 从 Flask-Bootstrap 引入分页功能 #}
{% import 'bootstrap/pagination.html' as pagi %}

{% block title %}数据分页显示{% endblock %}

{% block body %}
    <div class="container">
        {% for item in pagination.items %}
            <h1>{{ item.title }}</h1>
            <p>{{ item.content | safe }}</p>
        {% endfor %}
        {# 根据 pagination（分页）对象渲染分页按钮 #}
        {{ pagi.render_pagination(pagination) }}
    </div>
{% endblock %}
```

Flask-SQLAlchemy

对应的效果如图 5-3-11 所示。

在本节中，如果对操作过程有疑问，可跟随左侧视频进行操作。

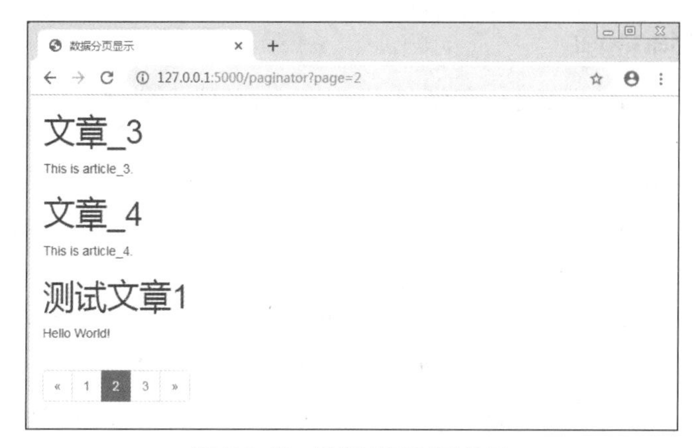

图 5-3-11　数据分页显示效果

5.4 Flask–Migrate

在程序迭代更新的过程中，在修改模型时我们会发现，数据表的结构可能与模型结构不再一致，但是重新创建数据表将导致数据的丢失，此时，如果需要保留数据，则应同步模型的改动到数据表。Flask-Migrate 便是以上问题的解决方案。

Flask-Migrate 是基于 Alembic 数据库迁移框架封装的 Flask 扩展，通常与 Flask-SQLAlchemy 搭配使用。

5.4.1　安装依赖

与安装 Flask 的操作一致，打开命令提示符窗口，输入以下命令。

```
pip install flask-migrate==2.5.2
```

执行上述命令之后，能看到“Successfully installed...”提示信息，没有提示红色的报错信息，即安装成功，此时，Flask-Migrate 的依赖包便安装完成了，如图 5-4-1 所示。

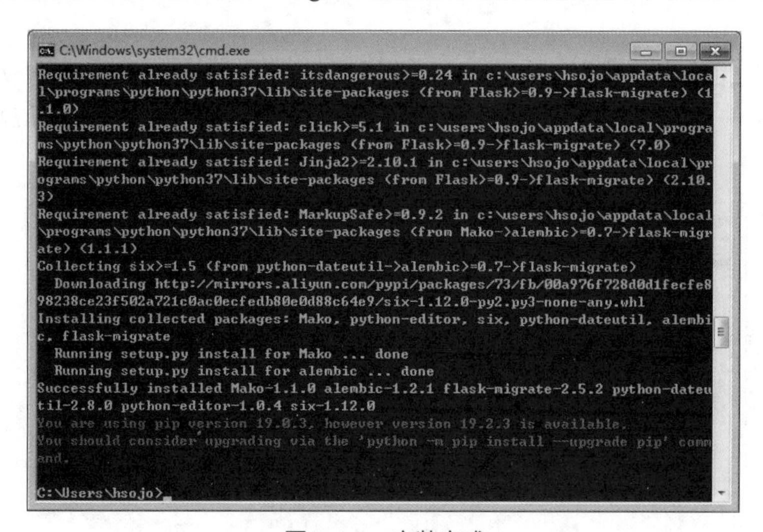

图 5-4-1　安装完成

5.4.2 注册到 Manager

在使用 Flask-Migrate 之前，需要在 Flask-Script 提供的 Manager 对象中添加指令 MigrateCommand，以下是代码演示。

```
from flask_migrate import Migrate, MigrateCommand
# 创建 migrate 对象并添加 db（数据库 migrate）指令
migrate = Migrate(app, db)
migrate.init_app(app, render_as_batch=True)
manager.add_command('db', MigrateCommand)
```

此时，在命令提示符窗口中执行“python app.py”就可以见到新增了一条名为“db”的指令，如图 5-4-2 所示。

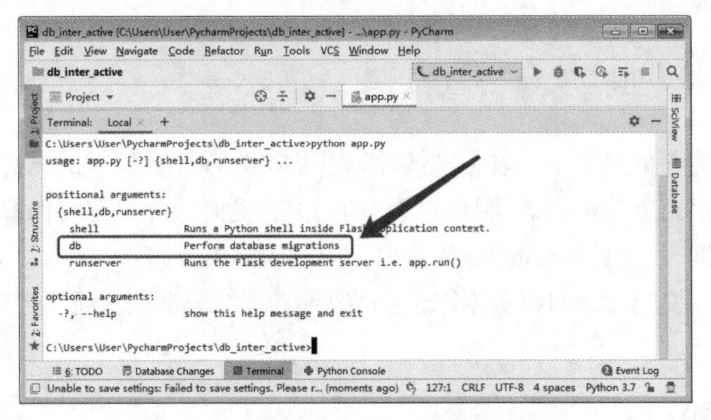

图 5-4-2 添加的 db（数据库迁移）指令

5.4.3 基本操作

在使用 Flask-Migrate 后，不再需要通过“db.create_all()”或“db.drop_all()”命令，即可直接对数据库进行操作。通常情况下，所有对数据表的更改操作都可以通过 Flask-Migrate 进行。

由于在此之前使用“db”对象创建了数据库，在演示 Flask-Migrate 的相关操作前需要删除数据库文件，如图 5-4-3 所示。在删除文件之前，需要关闭数据可视化工具，如 SQLiteStudio。

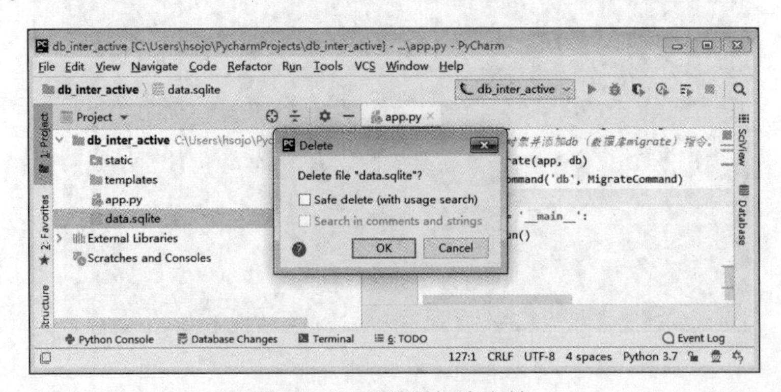

图 5-4-3 删除数据库文件

接下来的操作将在命令提示符窗口中进行。

首先，初始化数据库迁移仓库，使用 init 子命令进行。

```
C:\Users\User\PycharmProjects\db_inter_active>python app.py db init
Creating directory C:\Users\User\PycharmProjects\db_inter_active\
migrations ... done
Creating directory C:\Users\User\PycharmProjects\db_inter_active\
migrations\versions ... done
Generating C:\Users\User\PycharmProjects\db_inter_active\migrations\
alembic.ini ... done
Generating C:\Users\User\PycharmProjects\db_inter_active\migrations\
env.py ... done
Generating C:\Users\User\PycharmProjects\db_inter_active\migrations\
README ... done
Generating C:\Users\User\PycharmProjects\db_inter_active\migrations\
script.py.mako ... done
Please edit configuration/connection/logging settings in 'C:\\Users\\
User\\PycharmProjects\\db_inter_active\\migrations\\alembic.ini' before
proceeding.
```

在命令执行完成后，项目目录中将会出现一个新的目录（migrations），这个目录便是数据库迁移仓库，接下来将会用于保存所有版本的数据库改动脚本，如图 5-4-4 所示。

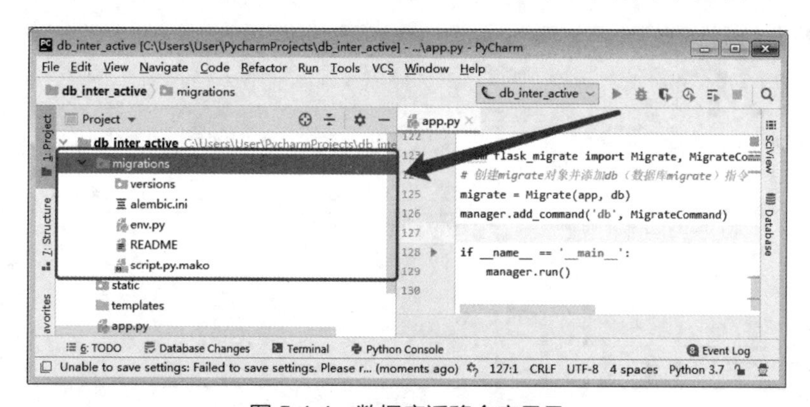

图 5-4-4　数据库迁移仓库目录

在数据库迁移仓库创建完成之后，需要初始化数据库、检测数据库改动，并使用 Flask-Migrate 生成数据库来创建/更新脚本。

```
C:\Users\User\PycharmProjects\db_inter_active>python app.py db migrate
INFO  [alembic.runtime.migration] Context impl SQLiteImpl.
INFO  [alembic.runtime.migration] Will assume non-transactional DDL.
INFO  [alembic.autogenerate.compare] Detected added table 'user'
INFO  [alembic.autogenerate.compare] Detected added table 'article'
```

```
    INFO [alembic.autogenerate.compare] Detected added index
'ix_article_author_id' on '['author_id']'
    INFO [alembic.autogenerate.compare] Detected added table 'user_info'
    Generating C:\Users\User\PycharmProjects\db_inter_active\migrations\
versions\db4e71e843b1_.py ...  done
```

以上命令执行完成以后，并没有被马上应用到数据库中，可以在“migrations\versions”目录下找到对应的数据库改动脚本，如果有定制化需求，可以直接修改数据库改动脚本文件。

由于生成的脚本篇幅较长，故此处以简略方式展示。

```
# ……此处省略脚本信息……


def upgrade():
    # ……此处省略生成的数据库升级脚本……


def downgrade():
    # ……此处省略生成的数据库降级脚本……
```

由生成的数据库改动脚本可见，Flask-Migrate 不但支持对数据库进行升级，还支持对数据库进行降级。

数据库改动脚本生成以后，便可以对数据库进行升、降级操作。此处先使用数据可视化工具浏览当前数据库的情况，如图 5-4-5 所示。

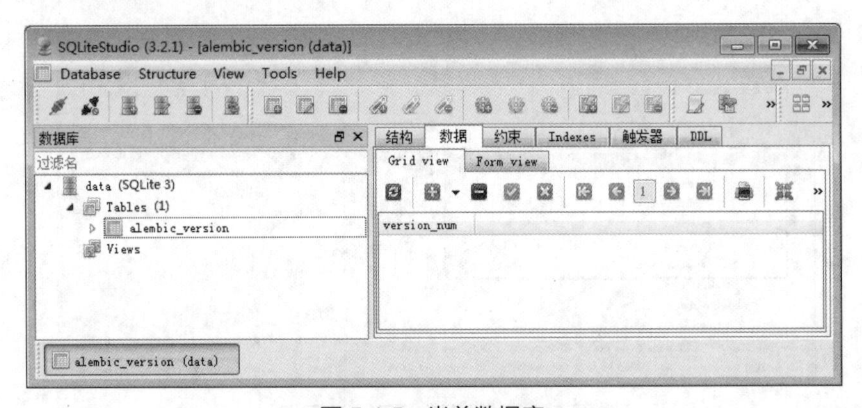

图 5-4-5　当前数据库

由于还没应用升级脚本，所以此时数据库只有由 Flask-Migrate 创建的 alembic_version 版本记录表。接下来对数据库进行升级操作。

```
    C:\Users\User\PycharmProjects\db_inter_active>python app.py db upgrade
    INFO  [alembic.runtime.migration] Context impl SQLiteImpl.
    INFO  [alembic.runtime.migration] Will assume non-transactional DDL.
    INFO  [alembic.runtime.migration] Running upgrade  -> db4e71e843b1, empty
message
```

此时再查看数据库，便会发现与 5.3.2 小节中所定义的模型对应的数据表都被自动生成了，同时版本记录表中的版本号更新到了对应的版本，如图 5-4-6 所示。

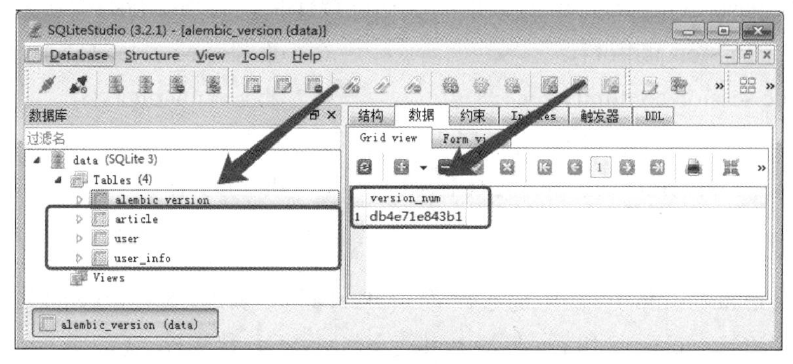

图 5-4-6　升级数据库

如果接下来要对模型进行修改，如添加字段等，仅需要在命令提示符窗口中重复执行以下操作即可。

```
# 检测并生成数据库改动脚本
python app.py db migrate
# 应用数据库升级操作
python app.py db upgrade
```

如果需要对数据库进行降级，只需要执行以下命令即可。

```
# 应用数据库降级操作
python app.py db downgrade
```

在本节中，如果对操作过程有疑问，可跟随右侧视频进行操作。

Flask-Migrate

5.5 小结

本章介绍了 Flask 中对数据库的基本操作。

5.6 习题

1. 单选题

（1）以下说法错误的是（　　）。

A. ORM 框架可以彻底取代 SQL 语句

B. ORM 框架可以简化增、删、改、查的过程

C. Flask-SQLAlchemy 支持一对一、一对多、多对多查询

D. Flask-SQLAlchemy 内置分页查询功能

（2）以下（　　）是 Flask-Script Manager 内置的指令。

A. init　　B. db　　C. runserver　　D. version

（3）Flask-Migrate 检测并生成数据库改动脚本的指令是（　　）。

A. init　　B. migrate　　C. upgrade　　D. downgrade

（4）使用 Flask-SQLAlchemy 对数据的改动进行保存，必须执行的操作是（　　）。

A. db.session.add(obj)　　B. db.session.delete(obj)

C. db.session.commit()　　D. db.session.query()

（5）以下（　　）不是 Flask-SQLAlchemy 支持的数据类型。

A. db.INTEGER　　B. db.VARCHAR　　C. db.FLOAT　　D. db.DOUBLE

2. 判断题

（1）在 db.relationship()方法中通过设置 backref 参数为模型来建立反向关联。（　　）

（2）Flask-SQLAlchemy 和 Flask-Migrate 支持 MySQL 数据库。（　　）

（3）在默认情况下，print 模型对象可以查看具体属性。（　　）

（4）Flask-SQLAlchemy 支持复合条件查询，如 and、or 等。（　　）

（5）通常分页查询由 offset()、limit()实现。（　　）

第 6 章　如何使程序易于维护

学习目标

- 掌握合理地安排项目结构的方法
- 掌握使用配置文件完成应用实例配置的方法
- 掌握蓝图的基本使用方法
- 掌握 Flask-Login 的基本使用方法

第 1 章的引言提到，Flask 微框架的“微”并不是指把整个 Web 应用放入一个 Python 文件，而是指 Flask 旨在保持代码简洁且易于扩展。但在第 3、4、5 章的实例中，为方便读者调试、理解代码，大部分代码都是以单文件的方式编写的。本章将会以实用项目的结构进行介绍，并“保持代码简洁且易于扩展”。

6.1 配置文件

在前几章的程序中，应用初始化时都会有以下代码。

```
app.config['SECRET_KEY'] = 'Chapter5'
app.config['SQLALCHEMY_DATABASE_URI'] = 'sqlite:///' + os.path. join
(basedir, 'data.sqlite')
app.config['SQLALCHEMY_TRACK_MODIFICATIONS'] = False
```

这些代码都是用于定义应用实例的参数、属性的，可以通过建立配置类，将这些零碎的配置项整合在一起，并可以通过类继承的方式建立多套配置方案，来实现不同环境下所需的设定。

以下是配置文件（config.py）的实现代码。

```
import os

basedir = os.path.abspath(os.path.dirname(__file__))

# 配置类基类，用于定义一些固定的参数
class Config:
    SECRET_KEY = 'Chapter6'
    SQLALCHEMY_TRACK_MODIFICATIONS = False
```

```
        # 可在初始化时用于执行自定义操作
        @staticmethod
        def init_app(app):
            pass

    # 开发环境下所使用的配置类
    class DevelopmentConfig(Config):
        DEBUG = True
        SQLALCHEMY_DATABASE_URI = 'sqlite:///' + os.path.join(basedir,
'data-dev.sqlite')

    # 测试环境下所使用的配置类
    class TestingConfig(Config):
        TESTING = True
        SQLALCHEMY_DATABASE_URI = 'sqlite:///' + os.path.join(basedir,
'data-test.sqlite')

    # 生产环境下所使用的配置类
    class ProductionConfig(Config):
        SQLALCHEMY_DATABASE_URI = 'sqlite:///' + os.path.join(basedir, 'data.
sqlite')

    # configs 用于映射不同环境下所使用的不同配置类
    configs = dict(
        development=DevelopmentConfig,
        testing=TestingConfig,
        production=ProductionConfig,
    )
```

配置文件编写完成之后，便是要使应用加载相应的配置。通常情况下，可以根据环境变量 FLASK_ENV 获取到当前使用的环境（development、testing、production），也可以使用 Flask 提供的助手函数 get_env()获取。

环境变量 FLASK_ENV 可在命令提示符窗口中通过 set 指令进行设置，设置方法如下所示。

```
set FLASK_ENV=development
```

以下是应用加载配置的实现代码。

```
from flask import Flask
from flask.helpers import get_env
from config import configs

app = Flask(__name__)

# 加载应用配置
env = get_env()
config = configs.get(env)
app.config.from_object(config)
config.init_app(app)
```

此时应用便完成了对相应环境配置的加载。

在默认情况下，如果应用直接处于命令提示符窗口中，app.env 的值为“production”，即生产环境；如果通过 PyCharm 启动，则 app.env 的值默认为“development”，即开发环境。

如果需要对应用进行测试，可以在 PyCharm 中建立一套新的运行配置，指定 FLASK_ENV 的值（即 app.env）为“testing”，如图 6-1-1～图 6-1-3 所示。

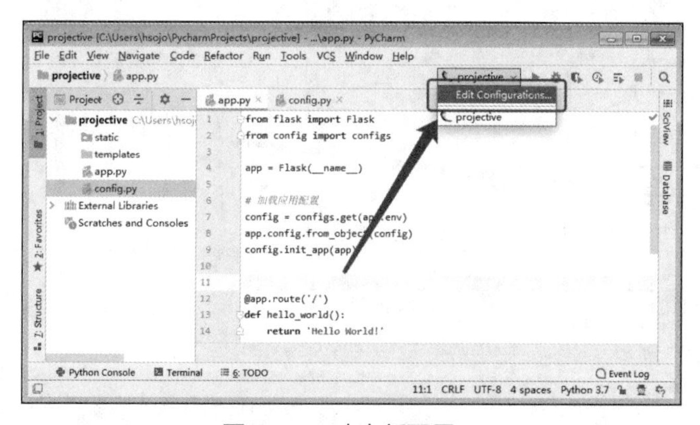

图 6-1-1　建立新配置 1

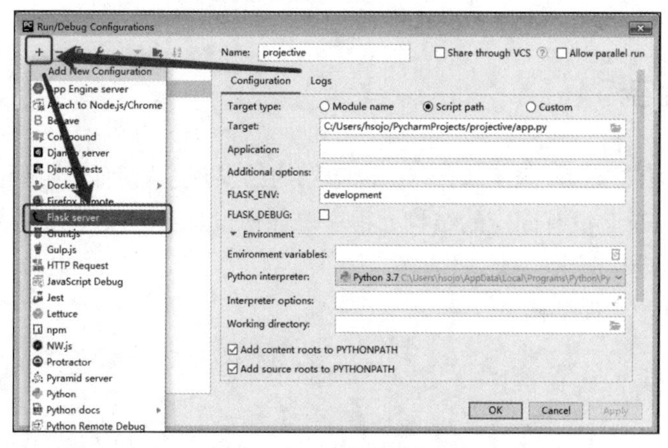

图 6-1-2　建立新配置 2

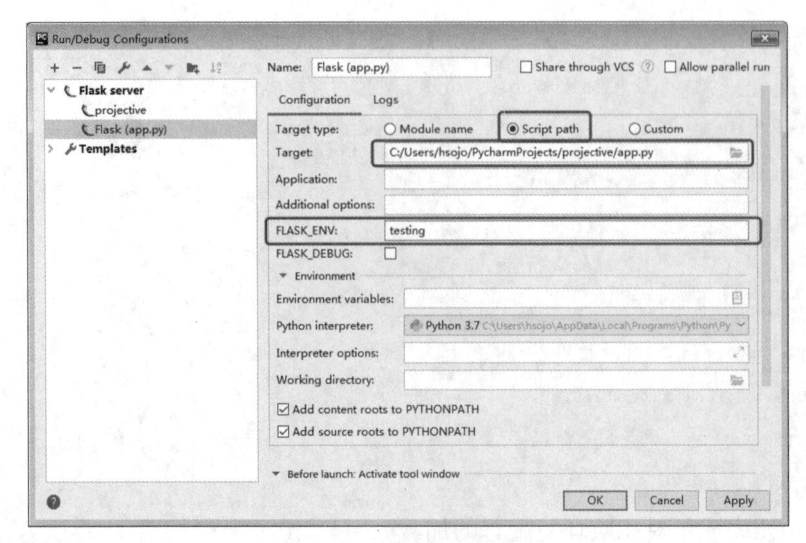

图 6-1-3　建立新配置 3

配置建立完成后，选中新配置运行，可以发现环境变量变成了“testing”，如图 6-1-4 所示。

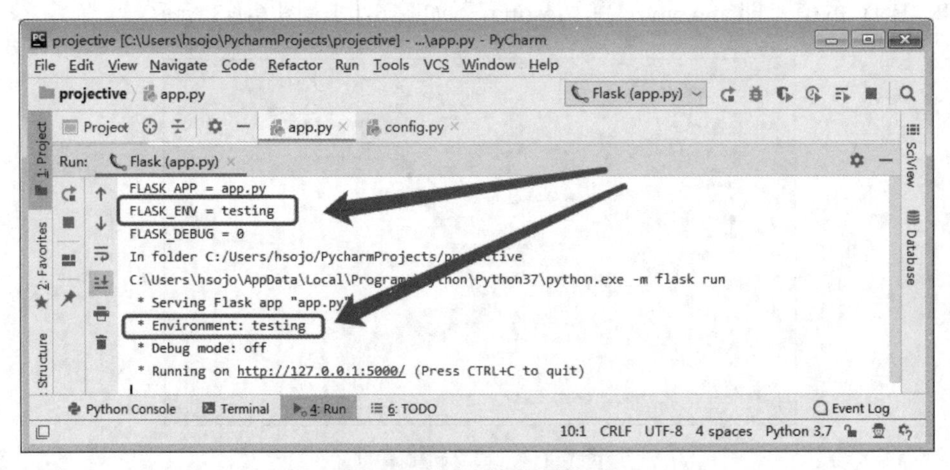

图 6-1-4　通过测试环境运行

6.2　项目结构

相信各位读者在之前章节的例子中，也隐隐约约发现了所有内容都整合在一起的结构是不利于维护的。Flask 没有固定的结构，程序要如何设计都取决于开发者。本书主要以基于模块划分的结构进行演示。

以下是项目目录文件结构。

```
项目目录
├── app/                                应用目录
│    ├── __init__.py                    应用初始化代码
```

```
│    ├── common.py                      应用公共方法代码
│    ├── commands.py                    应用管理指令代码
│    ├── database.py                    数据库相关代码
│    ├── errors.py                      应用错误视图代码
│    ├── filter.py                      数据过滤器相关代码
│    ├── 模块名称/                       模块（包）目录
│    │    ├── 子模块名称/                 子模块（包）目录
│    │    │    ├── __init__.py          子模块初始化代码
│    │    │    ├── common.py            子模块公共方法代码
│    │    │    ├── errors.py            子模块错误视图代码
│    │    │    ├── forms.py             子模块相关表单代码
│    │    │    ├── models.py            子模块相关模型代码
│    │    │    └── views.py             子模块相关视图代码
│    │    ├── __init__.py               模块初始化代码
│    │    ├── common.py                 模块公共方法代码
│    │    ├── errors.py                 模块错误视图代码
│    │    ├── forms.py                  模块相关表单代码
│    │    ├── models.py                 模块相关模型代码
│    │    └── views.py                  模块相关视图代码
│    ├── utils/                         应用工具类目录
│    ├── static/                        应用静态资源目录
│    │    ├── common/                   公共静态资源目录
│    │    └── 模块名称/                  模块相关静态资源目录
│    │         └── 子模块名称/           子模块相关静态资源目录
│    └── templates/                     应用模板目录
│         ├── common/                   公共模板目录
│         └── 模块名称/                  模块相关模板目录
│              └── 子模块名称/           子模块相关模板目录
├── config.py                           配置文件
├── manage.py                           应用管理入口
└── uploads/                            应用文件上传目录
```

接下来的内容将基于以上结构来进行开发。由于文件数量较多，过于零碎化，不便于将所有文件内容直接在文中展示，详情请参考本书所提供的样例代码。

6.2.1　应用管理入口

5.2.2 小节简单介绍了使用 Manager 对应用进行托管的方法，即其作为应用管理入口。使用 Manager 托管可以很方便地将应用功能（如 Migrate、shell 等）联系在一起。本小节将会把 Manager 部分的代码单独拆分到一个文件，以便维护。

以下是应用管理入口文件（manage.py）的实现代码。

```
from flask.helpers import get_env
from flask_migrate import MigrateCommand
from flask_script import Manager, Shell

from app import create_app, db, dh

# 根据相应的环境创建应用实例，并初始化 Manager
env = get_env()
app = create_app(env)
manager = Manager(app)

def make_shell_context():
    context = dict(
        db=db,
        dh=dh,
    )
    # 将所有模型注册到交互式 shell
    context.update((cls.__name__, cls) for cls in
dh.get_all_model_ classes())
    return context

# 注册指令到 Manager
manager.add_command("shell", Shell(make_context=make_shell_context))
manager.add_command('db', MigrateCommand)

if __name__ == '__main__':
    manager.run()
```

由上述代码可见，应用管理入口文件仅包含了创建 Manager 所需的基本代码，相当简洁。应用实例由“app/__init__.py”中的“工厂”函数根据不同的环境进行创建，见 6.2.2 小节。

6.2.2 应用“工厂”函数

一个完整的 Flask 应用不只有应用实例本身，应用根据业务需求，往往依赖于多个模块辅助。即初始化应用时，还需要初始化其相关的依赖模块。单独分析每一个模块的初始化代码相当简单，但将所有模块的初始化代码整合在一起，就比较复杂了。而且，在不同的环境下创建应用，需要加载不同的配置类。

根据以上需求，常见的解决方案便是建立应用“工厂”函数，将所有关于初始化应用、相关模块的内容整合在一起，以便于维护。

首先将之前所创建的 app.py 文件删除，然后建立一个名为“app”的 Python 包（Python Package），使用 Python 包可以更方便地扩展应用功能，如图 6-2-1 所示。

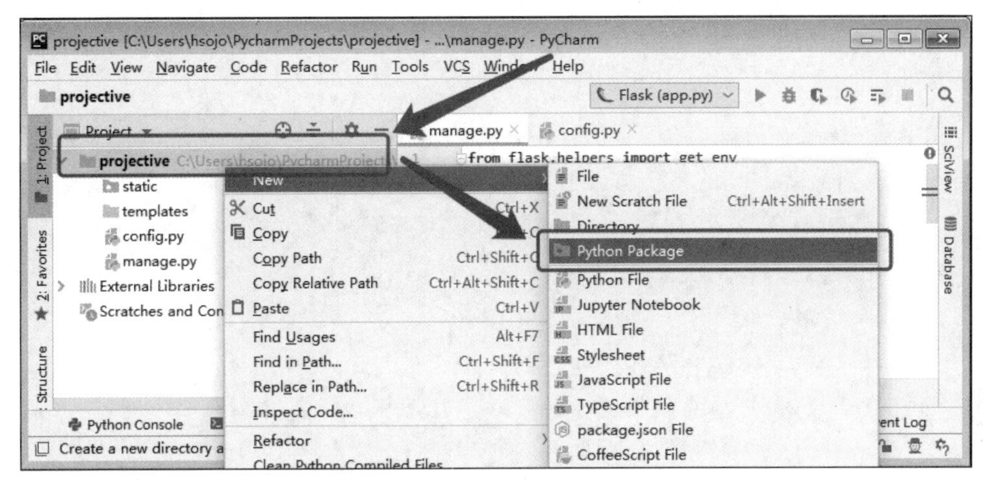

图 6-2-1　创建 Python 包

注意：建立 Python 包后，需要将“templates”与“static”目录移动至“app”目录内。

以下是应用“工厂”函数（app/__init__.py）的实现代码。

```
from flask import Flask
from flask_bootstrap import Bootstrap
from flask_migrate import Migrate
from flask_sqlalchemy import SQLAlchemy

from config import configs
from .database import DatabaseHelper


# 对象在函数外创建，以便在其他文件中引用
bootstrap = Bootstrap()
db = SQLAlchemy()
migrate: Migrate


# 创建数据库助手类实例
dh = DatabaseHelper(db)


# 将创建应用的流程封装成函数，以便于管理
```

```
def create_app(env):
    app = Flask(__name__)

    # 加载应用配置
    config = configs.get(env)
    app.config.from_object(config)
    config.init_app(app)

    # 初始化数据库操作实例
    db.init_app(app)

    # 初始化 Flask-Migrate
    global migrate
    migrate = Migrate(app, db)
    migrate.init_app(app, render_as_batch=True)

    # 初始化 Flask-Bootstrap
    bootstrap.init_app(app)
    bootstrap_cdns = app.extensions['bootstrap']['cdns']
    bootstrap_cdns['bootstrap'] = bootstrap_cdns['local']
    bootstrap_cdns['jquery'] = bootstrap_cdns['local']

    # 将各模块的蓝图（Blueprint）注册到应用实例
    from .user import user
    # url_prefix 参数可以为用户模块添加上级位置
    app.register_blueprint(user, url_prefix='/user')

    from .admin import admin, admin_user
    app.register_blueprint(admin, url_prefix='/admin')
    app.register_blueprint(admin_user, url_prefix='/admin/user')

    # 将所有模型类注册到模板全局变量，以便后续调用
    # 注册模型须放置在所有模型加载之后，否则将获取不到相应模型
    for cls in dh.get_all_model_classes():
        app.add_template_global(cls)

    return app
```

数据库相关代码，如“BaseModel”类等内容，都整合到了“app/database.py”文件中。以下是数据库相关功能（app/database.py）的实现代码。

```
from flask_sqlalchemy import BaseQuery, Model, SQLAlchemy


# 定义所有模型的基类
class BaseModel(Model):
    # 声明 query 属性的类型，以获得代码提示补全
    query: BaseQuery

    # 定义模型初始化方法
    def __init__(self, **kwargs):
        # 将参数传入父类初始化方法
        super(BaseModel, self).__init__(**kwargs)

    # 定义对象输出格式，方便输出预览
    def __repr__(self):
        fields = []
        # 获取对象原始数据
        for k, v in self.__dict__.items():
            # 只输出相关属性
            if k[0] != '_':
                # 防止模型关联后无限递归
                if isinstance(v, BaseModel):
                    fields.append('%s=<%s ...>' % (k,
v.__class__.__name__))
                elif isinstance(v, str):
                    fields.append("%s='%s'" % (k, v))
                else:
                    fields.append('%s=%a' % (k, v))

        # 拼接显示结果
        result = '<%s %s>' % (self.__class__.__name__, ' '.join(fields))
        return result


# 定义数据库助手类，以便进行一些常用操作
class DatabaseHelper:
    def __init__(self, db: SQLAlchemy):
```

```
        self._db = db

    # 获取所有基于BaseModel类的模型，以便注册到交互式 shell
    def get_all_model_classes(self):
        classes = []
        for cls in self._db.Model._decl_class_registry.values():
            if hasattr(cls, '__tablename__') and issubclass(cls,
BaseModel):
                classes.append(cls)
        return classes

    # 定义获取 db.session 的属性，以获得完整的代码补全
    @property
    def session(self) -> Session:
        return self._db.session
```

项目结构

在应用“工厂”函数（create_app()）中，大部分的初始化内容都在以往的章节中有所介绍。除了“蓝图”，该内容将会在下一节中进行讲解。

在本节中，如果对操作过程有疑问，可跟随左侧视频进行操作。

6.3 模块化开发

前面章节的讲解均采用了单一文件的方式进行开发。开发简单的 demo 或演示时，采用这种方式固然简单，可以快速达成目标。但这种方式不适合用于完成大型项目，也不利于后续的维护。本节将主要介绍使用蓝图（Blueprint）来实现模块化开发，从而解决以上问题的方法。

6.3.1 使用“蓝图”

在前面的例子中，注册视图函数都是直接使用应用路由来进行的。当使用应用“工厂”函数时，便出现了一个问题：如何注册视图？将所有视图函数都建立在应用“工厂”函数中显然是不合理的。而使用“蓝图”则可以将数个视图函数组合在一起，将其作为一个模块注册到应用中。

假设现在需要实现一个用户模块，可以参考 6.2 节中的项目结构展示，在“app”包中再建立一个“user”包，同时在包内建立“models.py”“views.py”“form.py”“errors.py”4 个文件，以便于后续代码的编写。

以下是蓝图初始化（__init__.py）的实现代码。

```
from flask import Blueprint

user = Blueprint('user', __name__)

# 加载相关的模型、视图、错误视图（如果有）
from . import models, views, errors
```

初始化代码相当简洁，仅创建了一个“Blueprint”类对象，引入了该包下各部分的功能。

此处引入“models”“views”“errors”，可能有的读者会有疑问：创建完Blueprint类后，仅是引入这些内容，后面并没有使用这些内容，这部分的代码有何意义？此时，可以回想一下模型所继承的“db.Model”对象及注册函数时使用的“app.route”装饰器。

在“models.py”中定义的模型将会因为被引入，而被“db”对象捕捉到，实现表结构的初始化；而“views.py”中定义的视图函数，将会因为使用“route”装饰器而被初始化代码中的“user”蓝图对象捕捉到，从而实现路由的注册；“errors.py”中的错误视图函数同理。最后便完成了模型、视图、错误视图的加载（或注册）。

以下是数据模型（models.py）的实现代码。

```
from app import db
from app.database import BaseModel

class UserModel(db.Model, BaseModel):
    __tablename__ = 'user'

    id = db.Column(db.INTEGER, primary_key=True, autoincrement=True)
    username = db.Column(db.VARCHAR, unique=True)
    password = db.Column(db.VARCHAR)
    is_admin = db.Column(db.BOOLEAN, default=False, nullable=False)

    info = db.relationship('UserInfoModel', backref='user', uselist=False,
cascade='all')

class UserInfoModel(db.Model, BaseModel):
    __tablename__ = 'user_info'

    user: UserModel

    user_id = db.Column(db.INTEGER, db.ForeignKey(UserModel.id), primary_
key=True)
    phone = db.Column(db.VARCHAR)
    email = db.Column(db.VARCHAR)
    introduce = db.Column(db.TEXT)
```

用户模块模型较为简单，仅是账号模型与信息模型进行了一对一关联，以描述一个完整的用户。

以下是表单类（forms.py）的实现代码。

```
from flask_wtf import FlaskForm
from wtforms import StringField, PasswordField, SubmitField, TextAreaField,
BooleanField
from wtforms.validators import DataRequired, Email, Optional, Regexp

class LoginForm(FlaskForm):
    username = StringField(label='用户名', validators=[DataRequired()])
    password = PasswordField(label='密码', validators=[DataRequired()])
    remember = BooleanField(label='记住该用户')
    submit = SubmitField(label='登录')

class RegisterForm(FlaskForm):
    username = StringField(label='用户名', validators=[DataRequired()])
    password = PasswordField(label='密码', validators=[DataRequired()])
    # 此处使用 11 位数字的正则表达式检测手机号
    phone = StringField(label='手机号', validators=[Optional(), Regexp
(r'\d{11}')])
    email = StringField(label='邮箱', validators=[Optional(), Email()])
    introduce = TextAreaField(label='自我介绍')
    submit = SubmitField(label='注册')
```

上述代码仅包含了登录、注册功能，结构也相当简单。

以下是视图函数（views.py）的实现代码。

```
from flask import render_template, request, redirect, flash, abort


from app import db
from . import user
from .forms import *
from .models import *

# 用户注册
@user.route('/register', methods=['GET', 'POST'])
def register():
    form = RegisterForm()
```

```
        if request.method == 'POST' and form.validate_on_submit():
            item = UserModel(
                username=form.username.data,
                password=form.password.data,
                is_admin=False,
                info=UserInfoModel(
                     phone=form.phone.data,
                    email=form.email.data,
                    introduce=form.introduce.data,
                ),
            )

            try:
                dh.session.add(item)
                dh.session.commit()

                flash('注册成功', 'success')
                return redirect('login')
            except Exception as e:
                flash('注册失败 - %s' % e, 'danger')
                return abort(500)
        else:
            return render_template('user/register.html', form=form)

    # 用户登录
    @user.route('/login', methods=['GET', 'POST'])
    def login():
        form = LoginForm()

        if request.method == 'POST' and form.validate_on_submit():
            try:
                item = UserModel.query.filter_by(username=form.username.data,
password=form.password.data).first()
                if item is not None:
                    flash('登录成功', 'success')
                    return redirect(request.path)
                else:
```

```
                raise Exception('用户名或密码错误')
        except Exception as e:
            flash('登录失败 - %s' % e, 'danger')
            return abort(500)
    else:
        return render_template('user/login.html', form=form)


# 查看用户信息
@user.route('/<int:id>')
def view(id: int):
    try:
        item = UserModel.query.get(id)  # type: UserModel
        if item is not None:
            return render_template('user/view.html', item=item)
        else:
            raise Exception('用户不存在')
    except Exception as e:
        flash('查看用户 - %s' % e, 'danger')
        return abort(404)
```

上述代码包含了用户模块的功能实现，包含了登录、注册、查看用户信息 3 个基本功能的视图函数（相关模板页面可以自行设计或参考本书所提供的样例实现代码）。

在完成了模型、视图、错误视图、表单代码的编写后，在“工厂”函数中，将“user”蓝图实例注册到应用实例即可。

以下是“工厂”函数（app/__init__.py）需要修改的部分。

```
# ……引入依赖代码……

# ……其他初始化代码……


def create_app(env):
    # ……应用初始化代码……

    # 在此处将用户模块的蓝图（Blueprint）注册到应用实例
    from .user import user
    # url_prefix 参数可以为用户模块添加上级位置
    app.register_blueprint(user, url_prefix='/user')

    # ……其他初始化代码……
```

此时，即可通过访问“/user/register”页面来进行用户注册，用户注册完成后可通过访问“/user/login”页面来进行用户登录，还可根据 id 访问“/user/<id>”页面查看用户相关信息。

注意：在运行程序之前需要初始化数据库，具体操作可参考 5.4.3 小节。

用户模块完成后的演示效果如图 6-3-1～图 6-3-3 所示。

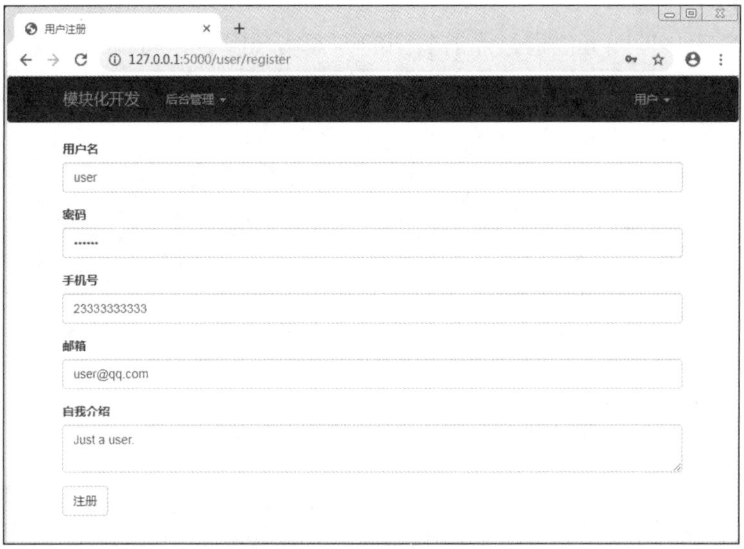

图 6-3-1　用户注册页面

图 6-3-2　用户登录页面

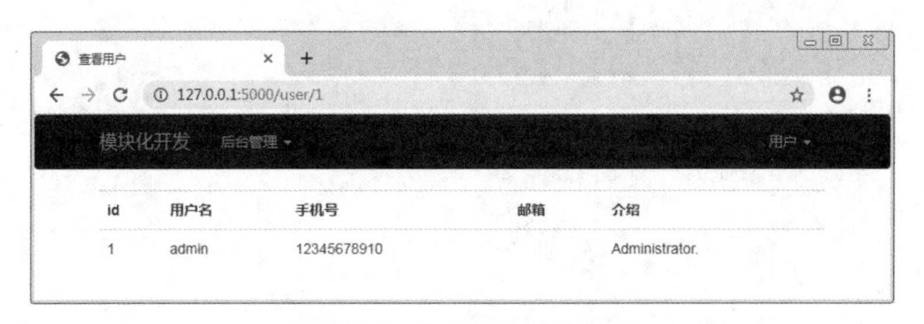

图 6-3-3　查看用户信息页面

6.3.2 子模块

在大型网站中，一个模块可以由多个子模块组成。例如，在博客系统中，后台管理模块可以用于管理用户、文章。我们便可以将后台管理模块拆分成用户管理模块、文章管理模块两个子模块。

在 6.3.1 小节的例子中，应用实例可以通过注册蓝图实现模块化开发；而在本书所使用的版本的 Flask 中，蓝图无法通过注册蓝图的方式实现嵌套。那么只能从项目结构的方面入手来实现子模块的效果，具体实现可参考接下来的“用户管理模块”代码。

以下是管理模块初始化（admin/__init__.py）的实现代码。

```
from flask import Blueprint

admin = Blueprint('admin', __name__)

from .user import user as admin_user

from . import views
```

以下是用户管理模块初始化（admin/user/__init__.py）的实现代码。

```
from flask import Blueprint

user = Blueprint('admin.user', __name__)

from . import views, models, errors
```

以下是“工厂”函数（app/__init__.py）的实现代码。

```
def create_app(env):
    #……应用初始化代码……

    # 将各模块的蓝图（Blueprint）注册到应用实例
    from .user import user
    # url_prefix 参数可以为用户模块添加上级位置
    app.register_blueprint(user, url_prefix='/user')

    from .admin import admin, admin_user
    app.register_blueprint(admin, url_prefix='/admin')
    app.register_blueprint(admin_user, url_prefix='/admin/user')

    from .portal import portal
    app.register_blueprint(portal)

    # ……其他初始化代码……
```

后台首页与用户管理模块的简单演示效果如图 6-3-4 和图 6-3-5 所示。

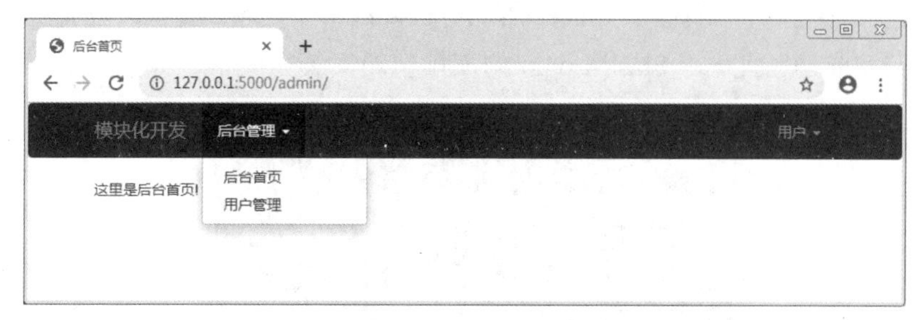

图 6-3-4 后台首页

当前例子的后台主体内容仅包含了首页。通常情况下，后台首页为各个模块管理功能的入口。

用户管理
127.0.0.1:5000/admin/user/index
模块化开发 后台管理 用户

id	用户名	手机号	邮箱	介绍	操作
1	admin	12345678910	admin@localhost.localdomain	Administrator.	编辑 删除
2	user	23333333333	user@qq.com	Just a user.	编辑 删除
3	hsojo	12345678910	hsojo@qq.com	a noob programmer.	编辑 删除
4	test	10987654321	test@localhost.localdomain	a test user.	编辑 删除

图 6-3-5 用户管理功能

在本节中，如果对操作过程有疑问，可跟随右侧视频进行操作。

模块化开发

6.4 Flask-Login

6.3.1 小节实现了一个简单的用户模块，其中登录视图函数代码的功能是从表单（用户输入）中获取账号密码，然后在数据库中查找与之匹配的用户，如果存在便提示登录成功。

但仍存在一个问题：如果用户登录后访问其他页面，会发现其他页面并没有被登录。实际上，该项目还缺了一部分核心功能，那便是用户认证（会话）的实现。

Flask-Login 顾名思义就是与登录功能相关的模块。该模块主要用于实现“用户认证”，以及“要求认证访问”，它提供了一套用户基本模型，可以很好地解决以上问题。

6.4.1 安装依赖

与安装 Flask 的操作一致，打开命令提示符窗口，输入以下命令。

```
pip install flask-login==0.4.1
```

执行上述命令之后，能看到“Successfully installed...”提示信息，没有提示红色的报错信息，即安装成功，此时，Flask-Login 的依赖包便安装完成了，如图 6-4-1 所示。

图 6-4-1　安装完成

6.4.2　用户认证

从原理上看，实现用户认证其实很简单，仅需要使用会话（Session）对客户浏览器进行记录即可。Flask-Login 实现了一个易于维护的基本用户模型，规范了用户认证的操作，易于扩展。

要使用 Flask-Login，首先需要在应用初始化文件（app/__init__.py）中添加相关代码，要添加的代码如下。

```
# ……引入依赖代码……
from flask_login import LoginManager

# ……其他初始化代码……
login_manager = LoginManager()

def create_app(env):
    # ……应用初始化代码……

    # 初始化 Flask-Login
    login_manager.login_view = 'user.login'
    login_manager.login_message_category = 'danger'
    login_manager.login_message = '请登录后再进行操作'
    login_manager.init_app(app)

    # ……将模块的蓝图（Blueprint）注册到应用实例……

    # 其他初始化代码
```

然后使用用户模型（user/models.py）继承 Flask-Login 所提供的基本用户实现，代码如下。

```
from flask_login import UserMixin


# 使用用户模型继承 Flask-Login 的基本用户实现（UserMixin）
class UserModel(UserMixin, db.Model, BaseModel):
    # ……用户模型代码……
```

再添加模块公共方法（user/common.py），实现当前用户的获取及 Flask-Login 所需的用户加载器，代码如下。

```
from flask_login import current_user
from app import login_manager


# 用于 Flask-Login 获取用户
from .models import UserModel


@login_manager.user_loader
def _load_user(id: int):
   return UserModel.query.get(id)


# 获取当前用户，指定类型以便获取代码补全
def get_current_user() -> UserModel:
    return current_user
```

最后在视图函数中（user/views.py）实现登录功能即可，代码如下。

```
from flask_login import login_user


# 用户登录
@user.route('/login', methods=['GET', 'POST'])
def login():
    form = LoginForm()

    if request.method == 'POST' and form.validate_on_submit():
        try:
            item = UserModel.query.filter_by(username=form.username.data,
password=form.password.data).first()
            if item is not None:
                # 使用 Flask-Login 完成用户登录认证
                login_user(item)
                flash('登录成功', 'success')
```

```
                return redirect(request.path)
            else:
                raise Exception('用户名或密码错误')
        except Exception as e:
            flash('登录失败 - %s' % e, 'danger')
            return abort(500)
    else:
        return render_template('user/login.html', form=form)
```

至此，用户认证便完成了，可以在其他模块（视图函数）中，调用用户模块公共方法（common.py）中的 get_current_user()函数获取当前登录的用户。

6.4.3　要求认证访问

在某些页面中，例如注销页面、查看当前登录的用户信息页面等，需要用户登录后才可访问。这时可能读者会有一个疑问：难道每一个需要使用当前用户的视图函数都需要添加一段“if current_user is not None”的代码吗？

答案是不需要。使用 Flask-Login 时，只要添加“login_required”装饰器即可。

以下是视图函数（user/views.py）的实现代码。

```
from flask_login import logout_user, login_required
from .common import get_current_user

@user.route('/logout')
@login_required
def logout():
    if logout_user():
        flash('注销成功', 'success')
        return redirect('/user/login')

# 查看用户信息（当前用户）
@user.route('/')
@login_required
def view_current():
    item = get_current_user()
    return render_template('user/view.html', item=item)
```

以上例子（查看当前用户信息）仅用于演示要求认证访问。如果需要在模板页面中查看当前登录的用户信息，仅需要使用 Flask-Login 所注册的全局对象“current_user”即可。参考“common/nav.html”编写模板页面的代码，因篇幅过长，此处仅截取部分代码进行展示。

```
            <ul class="nav navbar-nav navbar-right">
                <li class="dropdown">
                    {% if current_user.is_anonymous %}
                        {# 如果用户没有登录，即显示游客用的菜单 #}
                        <a href="#" class="dropdown-toggle" data-toggle=
"dropdown" role="button" aria-haspopup="true"
                           aria-expanded="true">
                            游客
                            <span class="caret"></span></a>
                        <ul class="dropdown-menu">
                            <li><a href="{{ url_for('user.login') }}">登录
</a></li>
                            <li><a href="{{ url_for('user.register') }}">
注册</a></li>
                        </ul>
                    {% else %}
                        {# 登录以后显示用户名 #}
                        <a href="#" class="dropdown-toggle" data-toggle=
"dropdown" role="button" aria-haspopup="true"
                           aria-expanded="true">
                            {{ current_user.info.nickname or current_ user.
username }}
                            <span class="caret"></span></a>
                        <ul class="dropdown-menu">
                            <li><a href="{{ url_for('user.edit') }}">用户
信息</a></li>
                            <li class="divider"></li>
                            <li><a href="{{ url_for('user.logout') }}">注
销</a></li>
                        </ul>
                    {% endif %}
                </li>
            </ul>
```

查看当前登录用户信息的效果如图 6-4-2 所示。

注销登录用户后，查看当前登录用户信息的效果如图 6-4-3 所示。

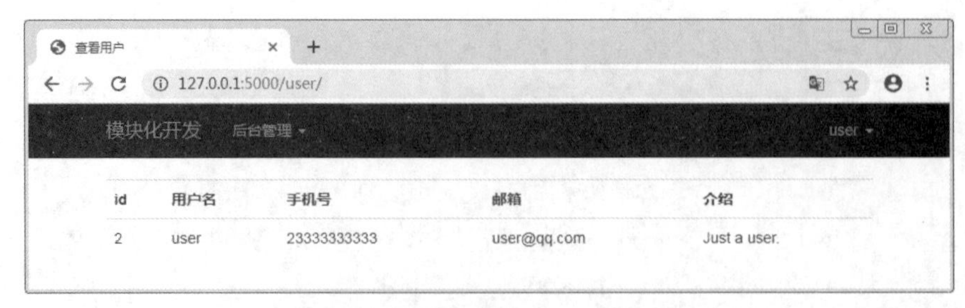

图 6-4-2　查看当前登录用户信息的效果

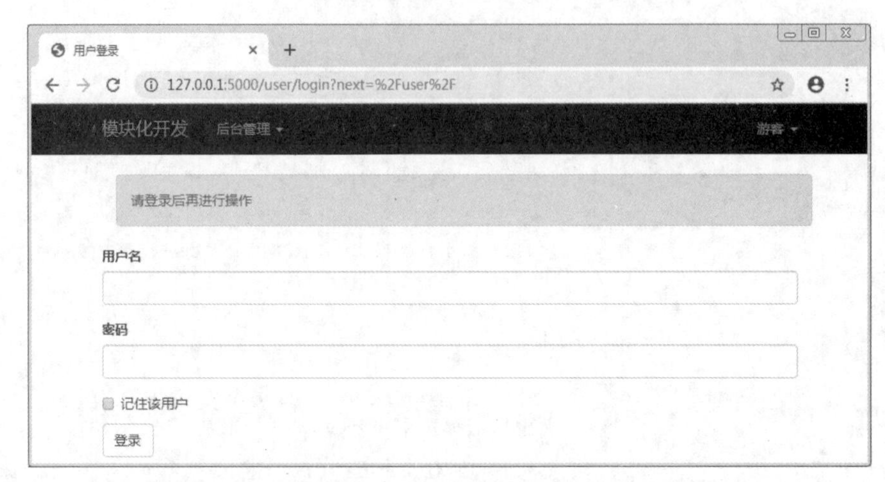

图 6-4-3　注销登录用户后，查看当前登录用户信息的效果

6.4.4　管理员认证访问

6.4.3 小节并没有提到后台管理模块的修改。显然，后台管理模块是需要用户登录认证后才可以进行访问的，但同时，也不是所有用户都可以访问，只有管理员才可以对后台进行操作。

在之前定义的用户模型中有一个“is_admin”的布尔值属性，可以基于“login_required”装饰器使用这个属性对当前登录的用户进行检测，以实现管理员认证访问。

以下是“admin_required”装饰器（admin/common.py）的实现代码。

```
from functools import wraps

from flask import abort, flash
from flask_login import login_required

from app.user.common import get_current_user

def admin_required(func):
    @wraps(func)
    def decorated_view(*args, **kwargs):
        if not get_current_user().is_admin:
```

```
            flash('拒绝访问', 'danger')
            return abort(403)
        return func(*args, **kwargs)

    return login_required(decorated_view)
```

以上代码对“login_required”装饰器进行了包装，追加了一项对“当前用户是否为管理员”的检测。

那么接下来，所有与管理员功能相关的视图函数自然都需要添加上该装饰器。例如，后台首页（admin/views.py）的实现代码如下。

```
from flask import render_template

from . import admin
from .common import admin_required

@admin.route('/')
@admin_required
def index():
    return render_template('admin/index.html')
```

将所有管理员视图都添加上“admin_required”装饰器后，就完全实现了管理员认证访问。但之前所创建的“admin”用户仍然是普通用户，是无法访问管理员视图的。

如果要将“admin”用户修改成管理员用户，可以在 shell 中执行以下操作。

```
C:\Users\hsojo\PycharmProjects\FlaskChapter6>python manage.py shell
>>> admin = UserModel.query.filter_by(username='admin').first()
>>> admin.is_admin = True
>>> db.session.add(admin)
>>> db.session.commit()
```

用户访问后台首页的演示效果如图 6-4-4 和图 6-4-5 所示。

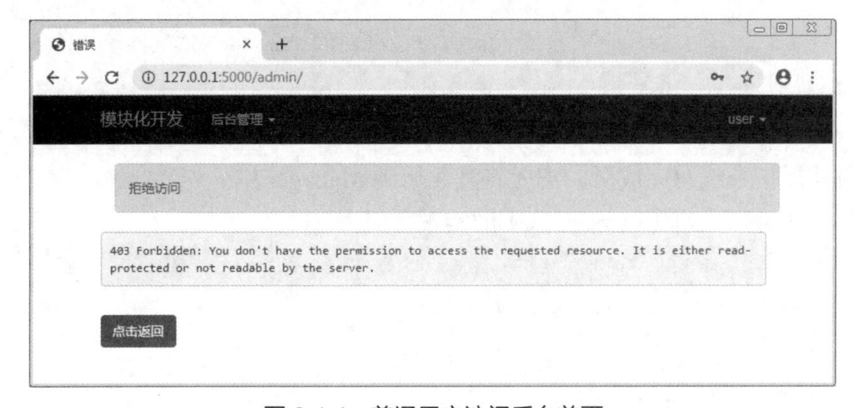

图 6-4-4　普通用户访问后台首页

Flask-Login

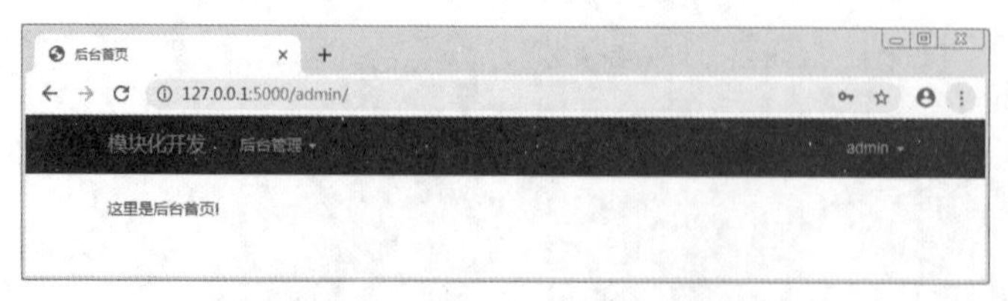

图 6-4-5　管理员用户访问后台首页

在本节中，如果对操作过程有疑问，可跟随左侧视频进行操作。

6.5 管理员注册

在上一节注册管理员用户时，需要先在“用户注册”页面中通过正常流程输入用户名、密码及其他信息项目；然后还需要在交互式 shell 中修改用户对象的“is_admin”属性。显然，这很花时间。

为了解决上述问题，可以回顾一下 5.2.3 小节中的“注册命令”操作。使用命令方式注册管理员用户，可以节约不少时间。

以下是应用管理指令（app/commands.py）的实现代码。

```
from flask_script import Manager


from app import dh
from app.user.models import UserModel, UserInfoModel


def register_manage_commands(manager: Manager):
    @manager.command
    def create_admin():
        username = input('Input Username:')
        password = input('Input Password:')
        item = UserModel(username=username, password=password, is_admin=
True,
                            info=UserInfoModel(introduce='Create By Manager.'))
        dh.session.add(item)
        dh.session.commit()
```

管理员注册指令编写完成后，需要将其注册到 Manager 中。

以下是应用管理入口（manage.py）的实现代码。

```
from flask.helpers import get_env
from flask_script import Manager, Shell


from app import create_app, db, dh
```

```
from app.commands import register_manage_commands
from app.user.models import UserModel, UserInfoModel

env = get_env()
app = create_app(env)
manager = Manager(app)

# 管理指令注册代码
def register_manage_commands(manager: Manager):
    @manager.command
    def create_admin():
        username = input('Input Username:')
        password = input('Input Password:')
        item = UserModel(username=username, password=password, is_admin=
True,
                         info=UserInfoModel(introduce='Create By Manager.'))
        dh.session.add(item)
        dh.session.commit()

register_manage_commands(manager)

if __name__ == '__main__':
    manager.run()
```

通过 Manager 注册管理员的操作过程如图 6-5-1 所示。

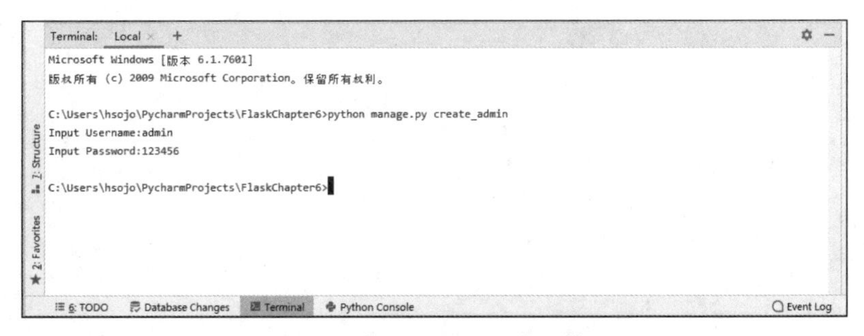

图 6-5-1　使用 Manager 注册管理员

6.6 小结

本章介绍了使用 Flask 实现模块化开发，使项目易于维护；同时介绍了 Flask-Login 模块的基本用法。

6.7 习题

1. 单选题

（1）在正常情况下，以下（　　）不是 FLASK_ENV。

A. development　B. testing　C. production　D. debug

（2）以下（　　）是 Flask 模块化开发所必须使用的类。

A. Blueprint　B. Module　C. Controller　D. Application

（3）Flask-Login 中的 LoginManager 的属性不包含（　　）。

A. login_view　B. login_message_category

C. login_message　D. init_app

2. 判断题

（1）Blueprint 类可以调用本身的 register_blueprint()实现嵌套。（　　）

（2）login_required 和 admin_required 都是 Flask-Login 内置的装饰器。（　　）

（3）通过设置注册蓝图时的 url_prefix 参数，可以根据 URL 进行模块划分。（　　）

第7章 实例：简易博客系统

学习目标

- 理解如何根据项目需求设计相应模块
- 根据数据模型设计图完成模型类的构建
- 完成简易博客系统的开发

博客系统是一个典型的开发入门案例，其中实现了包含用户验证、内容管理、数据关联等基本功能在内的综合应用。本章将会从项目设计开始，逐步完成各个模块的开发，最终实现一个完整的简易博客系统。

7.1 项目设计

在项目开发之前，需要了解项目需求；然后分析需求中所包含的功能，将各个功能划分到不同的模块，确立程序整体结构；接着分析各个模块所包含的功能，为需使用的数据模型设计具体结构。当项目设计完成之后，再将设计翻译成相应的实现代码。

7.1.1 项目需求

一个简单的博客系统通常包含文章发布、文章分类、文章搜索、文章阅读量统计、文章留言、博客信息展示、友情链接展示等功能模块。

接下来将逐步完成以上功能的开发。

7.1.2 模块设计

根据需求，可以分析出该系统的整体结构、功能模块架构，如图 7-1-1 所示。

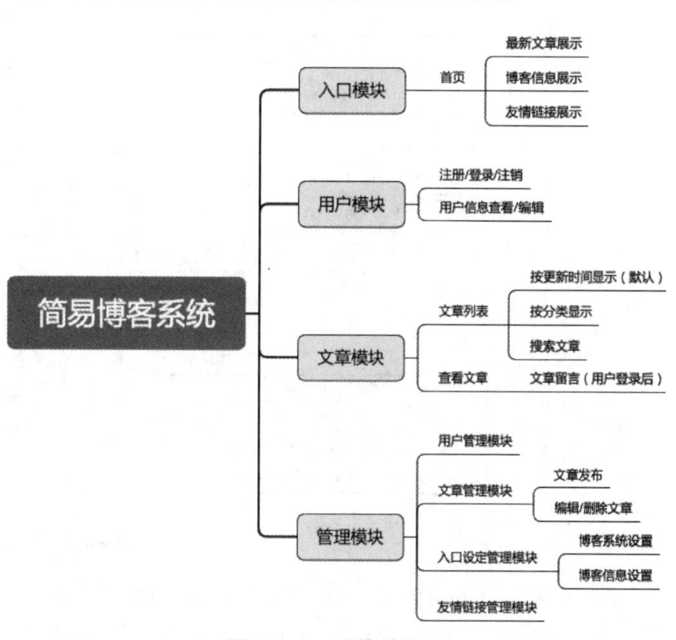

图 7-1-1 系统结构图

该系统可以分成 4 个模块进行开发，各个模块负责各部分的内容。要注意的是，管理模块建立于其他模块之上（例如，先有用户模块，后有用户管理模块），接下来只要理解各个模块之间的关系，设计好相应的数据模型，最后为这些模块开发相应功能即可。

7.1.3 数据模型设计

了解程序模块结构后，便要对模块所包含的功能中所使用的“对象”进行设计，建立数据模型，完成数据库的创建。图 7-1-2 所示为各个数据模型类的简要设计图，包含模型属性及各个模型之间的关系。

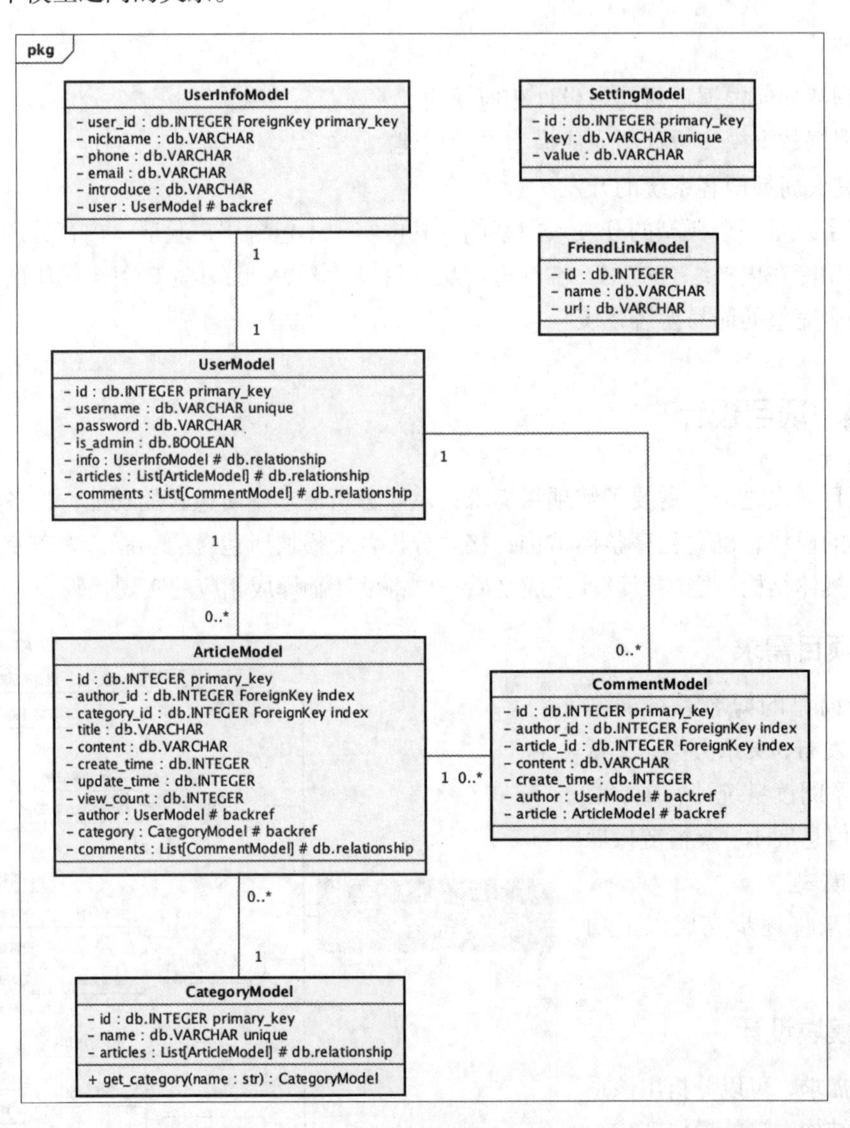

图 7-1-2 数据模型设计图

根据设计图所描述的结构完成各个数据模型类的定义后（可参考 5.3.2 小节、5.3.5 小节），便可以使用 Flask-Migrate 生成数据库。数据库建立完成之后，便可以开始开发相应的模块、功能。

7.1.4 功能实现

在接下来的功能实现代码中，模板页面文件将放置于“templates”（模板）目录中，而Python代码文件放置于“模块”目录中，这是约定俗成的规则。详细的项目结构可参考6.2节，模块初始化代码可参考6.3节。

7.2 入口模块

入口模块是所有模块的基础之一，包含网站的首页，以及一些公共功能（如友情链接、网站设置）的实现。

7.2.1 数据模型定义

友情链接模型的实现相当简单，它仅包含名称及其对应的链接（HTML中的<a>标签）。数据模型与友情链接模型在结构上基本一致，但“key”字段唯一，用于快速获取对应的设定值；“value”字段用于存储JSON数据对象（字符串格式，可与Python的基本数据类型相互转换）。

根据数据模型设计图，可定义以下模型，代码如下（portal/models.py）。

```
from app import db
from app.database import BaseModel

class FriendLinkModel(db.Model, BaseModel):
    __tablename__ = 'friend_link'

    id = db.Column(db.INTEGER, primary_key=True, autoincrement=True)
    name = db.Column(db.VARCHAR)
    url = db.Column(db.VARCHAR)

class SettingModel(db.Model, BaseModel):
    __tablename__ = 'setting'

    id = db.Column(db.INTEGER, primary_key=True, autoincrement=True)
    key = db.Column(db.VARCHAR, unique=True)
    value = db.Column(db.VARCHAR)
```

7.2.2 设定存取

每一个页面中都会显示博客的名称及个性签名之类的内容。对这种用途很少、对象唯一的功能，不需要为其单独建立模型，只需将其作为一个设置项保存到数据库即可。所以首先需要建立设定项存取的方法。

以下是公共方法的实现代码（portal/common.py）。

```
import json

from app import dh
from app.portal.models import SettingModel

# 读取设定数据
def load_setting(key: str):
    item = SettingModel.query.filter_by(key=key).first()  # type:
SettingModel
    if item is not None:
        return json.loads(item.value)

    return None

# 保存设定数据
def save_setting(key: str, value):
    item = SettingModel.query.filter_by(key=key).first()  # type:
SettingModel
    if item is None:
        item = SettingModel(key=key)

    item.value = json.dumps(value, ensure_ascii=False)

    dh.session.add(item)
    dh.session.commit()

    return False
```

由于 JSON 可以很方便地将 Python 对象类型转换为 str 类型数据进行存取，所以使用 JSON 格式存储相关数据到数据库是一个很好的选择。

接下来，需要在各个模板中使用读取、保存设定数据这两个方法，所以需要在应用中将其注册为全局对象，在应用“工厂”函数中添加以下代码即可。

```
def create_app(env):
    # ……其他应用初始化代码……

    # 从 Python 包中获取所有可以调用的对象并注册到模板全局变量，以便模板调用
    def register_all_callable_object_from_package(pkg, is_filter=False):
```

```
            for k in dir(pkg):
                f = getattr(pkg, k)
                if callable(f):
                    if is_filter:
                        app.add_template_filter(f)
                    else:
                        app.add_template_global(f)

        from app.portal import common as common_portal
        register_all_callable_object_from_package(common_portal)

        # ……其他应用初始化代码……
```

7.2.3　公共模板页面

在博客系统中，很多页面都包含公共的部分，例如导航栏、友情链接、页尾等内容会在大部分页面中展示。显然，这些内容不会被重复编写，而是通过“模板包含、继承”的方式重复使用（参考 3.2.6 小节）。

以下是前台基准页的实现代码（common/base.html）。

```
    {# 前台基准模板，加载了站点设置与博客信息设置 #}

    {% extends 'bootstrap/base.html' %}

    {% import 'bootstrap/utils.html' as utils %}

    {% set site_setting = load_setting('site_setting') %}
    {% set info_setting = load_setting('info_setting') %}

    {% block navbar %}
        {# 加载导航栏 #}
        {% include 'common/nav.html' %}
    {% endblock %}

    {% block styles %}
        {{ super() }}
        <link href="{{ url_for('static', filename='blog.css') }}" rel=
"stylesheet">
    {% endblock %}
```

```
{% block content %}
    <div class="container" style="margin-bottom: 16px; padding-top: 72px;">
        {{ utils.flashed_messages() }}
        {% block content_inner %}{% endblock %}
    </div>

    {# 网页尾部内容，根据站点设置生成 #}
    <footer class="blog-footer">
        <p>{{ site_setting.site_footer }}</p>
        <p><a href="#">回到顶端</a></p>
    </footer>
{% endblock %}
```

前台基准页的结构相当简单，它继承于 Flask-Bootstrap 提供的基准页，同时加载系统设置、信息设置、导航栏、页尾等内容（大部分页面会用到）。

界面样式基于 Bootstrap 官方样例修改而成，由于本章主要内容为 Flask 应用的功能实现，故样式等静态资源请读者自行参阅本书提供的样例代码。

以下是导航栏模板页的实现代码（common/nav.html）。

```
{# 导航栏部分 HTML 结构，参考 Bootstrap 官方样例进行设计 #}
<nav class="navbar navbar-inverse navbar-static-top" style="position:
fixed; width: 100%;">
    <div class="container">
        <div class="navbar-header">
            {# 该按钮用于伸缩菜单，在小型设备（如手机）中使用 #}
            <button type="button" class="navbar-toggle collapsed"
data-toggle="collapse" data-target="#navbar" aria-expanded="false"
aria-controls= "navbar">
                <span class="sr-only">Toggle navigation</span>
                <span class="icon-bar"></span>
                <span class="icon-bar"></span>
                <span class="icon-bar"></span>
            </button>
            {# 导航栏左侧网站名称 #}
            <a class="navbar-brand" href="/">{{ site_setting.site_name }}
            </a>
        </div>
        <div id="navbar" class="collapse navbar-collapse">
```

```
            <ul class="nav navbar-nav">
                <li class="dropdown">
                    <a href="{{ url_for('article.list_all') }}">所有文章</a>
                </li>
            </ul>

            {# 加载文章分类菜单 #}
            {% include 'common/nav_menu/category.html' %}

            {# 加载用户菜单 #}
            {% include 'common/nav_menu/user.html' %}

            {# 如果用户是管理员，则显示后台管理菜单 #}
            {% if current_user.is_admin %}
                <ul class="nav navbar-nav navbar-right">
                    <li class="dropdown">
                        <a href="{{ url_for('admin.index') }}">后台管理</a>
                    </li>
                </ul>
            {% endif %}

            {# 搜索栏代码 #}
            <form class="navbar-form navbar-right" action="{{ url_ for
('article.search') }}">
                <label>
                    <input name="keyword" type="text" class="form-
control"placeholder="Search..."
                           value="{% if request.endpoint == 'article.
search'%}{{ request.args.keyword }}{% endif %}">
                </label>
            </form>
        </div>
    </div>
</nav>
```

导航栏的结构较为复杂，为便于展示，此处采用模板包含方式引入结构较为复杂的菜单项。

以下是文章分类菜单的实现代码（common/nav_menu/category.html）。

```
{# 文章分类菜单代码 #}
<ul class="nav navbar-nav">
    <li class="dropdown">
        <a href="#" class="dropdown-toggle" data-toggle="dropdown" role=
"button" aria-haspopup="true" aria-expanded="true">
            文章分类
            <span class="caret"></span></a>
        <ul class="dropdown-menu">
            {% for category in CategoryModel.query.all() %}
                <li><a href="{{ url_for('article.category', name= category.
name) }}">{{ category.name }}</a>
                </li>
            {% endfor %}
        </ul>
    </li>
</ul>
```

以下是用户菜单的实现代码（common/nav_menu/user.html）。

```
{# 用户菜单代码 #}
<ul class="nav navbar-nav navbar-right">
    <li class="dropdown">
        {% if current_user.is_anonymous %}
            {# 如果用户没有登录，则显示游客用的菜单 #}
            <a href="#" class="dropdown-toggle" data-toggle="dropdown"
role="button" aria-haspopup="true" aria-expanded="true">
                游客
                <span class="caret"></span></a>
            <ul class="dropdown-menu">
                <li><a href="{{ url_for('user.login') }}">登录</a></li>
                <li><a href="{{ url_for('user.register') }}">注册</a></li>
            </ul>
        {% else %}
            {# 登录以后显示用户名 #}
            <a href="#" class="dropdown-toggle" data-toggle="dropdown"
role="button" aria-haspopup="true" aria-expanded="true">
                {{ current_user.info.nickname or current_user.username }}
                <span class="caret"></span></a>
```

```
                <ul class="dropdown-menu">
                    <li><a href="{{ url_for('user.edit') }}">用户信息</a></li>
                    <li class="divider"></li>
                    <li><a href="{{ url_for('user.logout') }}">注销</a></li>
                </ul>
            {% endif %}
        </li>
    </ul>
```

前台基准页看似简单，实际上是由上述各个部分的内容一点点组合而成的，在基准页完成以后，每一个前台页面都基于基准页进行开发。

以下是前台表单页面的实现代码（common/form.html）。

```
{% extends common/base.html' %}

{% import 'bootstrap/wtf.html' as wtf %}

{% block title %}{{ title }}{% endblock %}

{% block content_inner %}
    {{ wtf.quick_form(form) }}
{% endblock %}
```

接下来，在用户模块等其他页面中，将会多次使用此页面。

7.2.4 文章分类、友情链接展示

文章分类、友情链接将于各个页面的右侧进行展示，所以也是作为公共模板页面实现。

以下是右侧栏模板页的实现代码（common/right.py）。

```
{# 博客右侧栏，包含“关于”部分内容、文章分类、友情链接 #}
<div class="col-sm-3 col-sm-offset-1 blog-sidebar">
    <div class="sidebar-module sidebar-module-inset">
        <h4>关于</h4>
        <p>{{ info_setting.about }}</p>
    </div>
    <div class="sidebar-module sidebar-module-inset">
        <h4>文章分类</h4>
        <ol class="list-unstyled">
            {% for item in CategoryModel.query.all() %}
                <li><a href="{{ url_for('article.category', name= item.
```

```
name) }}">{{ item.name }}</a></li>
                {% endfor %}
            </ol>
        </div>
        <div class="sidebar-module sidebar-module-inset">
            <h4>友情链接</h4>
            <ol class="list-unstyled">
                {% for item in FriendLinkModel.query.all() %}
                    <!-- target="_blank" 可以实现单击链接打开新页面的功能 -->
                    <li><a href="{{ item.url }}" target="_blank"> {{ item.
name }}</a></li>
                {% endfor %}
            </ol>
        </div>
    </div>
```

接下来，将会在需要展示右侧栏的页面中包含这个文件。

7.2.5 博客信息展示（首页）

博客信息展示这个功能仅在首页中可见。首页需要根据“系统设置”中提供的参数，展示一定数量的文章，此时便需要用到公共方法中的 load_setting()，然后根据数量从文章模型获取相应的数据。

以下是视图函数的实现代码（portal/views.py）。

```
from flask import render_template

from app.article.models import ArticleModel
from app.portal.common import load_setting
from . import portal

@portal.route('/')
def index():
    site_setting = load_setting('site_setting')
    home_per_page = site_setting.get('home_per_page', 10)
    articles = ArticleModel.query.order_by(ArticleModel.id.desc()). Limit
(home_per_page).all()

    return render_template('portal/index.html', articles=articles)
```

由于首页仅展示最新的几篇文章，所以只需要根据 id 倒序排列获取文章并注入模板页中即可。

以下是模板页面的实现代码（portal/index.html）。

```
{% extends 'common/base.html' %}

{% import 'article/macros.html' as macros %}

{% block title %}首页{% endblock %}

{% block content_inner %}
    <div class="container">
        <div class="row">
            <div class="col-sm-8 blog-main">
                {# 首页的博客头部信息 #}
                <div class="blog-header">
                    <h1 class="blog-title">{{ info_setting.title }}</h1>
                    <p class="lead blog-description">{{ info_setting.
description }}</p>
                </div>
                {# 根据首页文章列表生成相应的 HTML 结构 #}
                {{ macros.generate_articles(articles) }}
            </div>
            {% include 'common/right.html' %}
        </div>
    </div>
{% endblock %}
```

博客首页完成后的效果如图 7-2-1 所示。

图 7-2-1　博客首页

首页继承了公共模板前台基准页，引入了文章模块中的宏指令（后续介绍），以及公共模板中的右侧栏部分（用于展示“关于”内容、文章分类、友情链接），接下来将逐步进行分析。

7.2.6 实现 CKEditor 上传功能

CKEditor 是一个富文本编辑器（可参考 4.4 节），在本项目的前台、后台中都会用到（后续介绍）。为便于开发，将其代码于入口模块实现。

以下是配置文件的实现代码（config.py）。

```
import os

basedir = os.path.abspath(os.path.dirname(__file__))

# 配置类基类，用于定义一些固定的参数
class Config:
    SECRET_KEY = 'Chapter7'

    SQLALCHEMY_TRACK_MODIFICATIONS = False

    # CKEditor 配置项
    CKEDITOR_SERVE_LOCAL = True
  CKEDITOR_FILE_UPLOADER = 'portal.upload'

    UPLOADED_PATH = os.path.join(basedir, 'uploads')

    # 可在初始化时执行自定义操作
    @staticmethod
    def init_app(app):
        pass
```

此处仅展示配置类基类，其他内容可参考 6.1 节。

以下是视图函数的实现代码（portal/views.py）。

```
import os

from flask import current_app, send_from_directory, request, url_for
from flask_ckeditor import upload_fail, upload_success
from . import portal

# CKEditor，用于获取上传的文件
```

```
@portal.route('/files/<filename>')
def uploaded_files(filename):
    path = current_app.config['UPLOADED_PATH']
    return send_from_directory(path, filename)

# CKEditor，用于上传文件
@portal.route('/upload', methods=['POST'])
def upload():
    f = request.files.get('upload')
    extension = f.filename.split('.')[1].lower()
    if extension not in ['jpg', 'gif', 'png', 'jpeg']:
        return upload_fail(message='Image only!')
    f.save(os.path.join(current_app.config['UPLOADED_PATH'], f.filename))
    url = url_for('portal.uploaded_files', filename=f.filename)
    return upload_success(url=url)
```

最后只要在配置文件（config.py）中添加 CKEditor 的相关配置即可，相关代码如下。

```
import os

basedir = os.path.abspath(os.path.dirname(__file__))

# 配置类基类，用于定义一些固定的参数
class Config:
    SECRET_KEY = 'Chapter7'

    SQLALCHEMY_TRACK_MODIFICATIONS = False

    # CKEditor 配置项
    CKEDITOR_SERVE_LOCAL = True
    CKEDITOR_FILE_UPLOADER = 'portal.upload'

    UPLOADED_PATH = os.path.join(basedir, 'uploads')

    # 可在初始化时执行自定义操作
    @staticmethod
    def init_app(app):
        pass
```

简易博客系统-入口模块

在本节中，如果对操作过程有疑问，可跟随右侧视频进行操作。

7.3 用户模块

在一个网站中，用户模块往往是最重要的基础模块之一，它主要用于对用户进行认证，认证通过的用户才可以使用网站的相关功能。用户模块需要实现注册、登录、注销，以及用户信息查看、编辑功能。由于文章留言需要用户登录后才能使用，所以用户模块也被文章模块所依赖。

7.3.1 数据模型定义

根据数据模型设计图，可定义以下模型，代码如下（user/models.py）。

```
from app import db
from app.database import BaseModel

class UserModel(db.Model, BaseModel):
    __tablename__ = 'user'

    id = db.Column(db.INTEGER, primary_key=True, autoincrement=True)
    username = db.Column(db.VARCHAR, unique=True)
    password = db.Column(db.VARCHAR)
    is_admin = db.Column(db.BOOLEAN, default=False, nullable=False)

    info = db.relationship('UserInfoModel', backref='user', uselist=False,
cascade='all')
    articles = db.relationship('ArticleModel', backref='author', uselist=
True)
    comments = db.relationship('CommentModel', backref='author', uselist=
True)

class UserInfoModel(db.Model, BaseModel):
    __tablename__ = 'user_info'

    user: UserModel

    user_id = db.Column(db.INTEGER, db.ForeignKey(UserModel.id), primary_
key=True)
    nickname = db.Column(db.VARCHAR)
    phone = db.Column(db.VARCHAR)
    email = db.Column(db.VARCHAR)
    introduce = db.Column(db.TEXT)
```

7.3.2 注册功能

注册功能相当简单，在之前的例子中也曾出现过，实际上就是“添加数据”的操作，只需要定义一个合适的表单类，然后将表单数据传递给用户模型进行添加即可。

以下是表单类的实现代码（user/forms.py）。

```
from flask_wtf import FlaskForm
from wtforms import StringField, PasswordField, SubmitField, TextAreaField, BooleanField
from wtforms.validators import DataRequired, Optional, Regexp, Email

class RegisterForm(FlaskForm):
    username = StringField(label='用户名', validators=[DataRequired()])
    password = PasswordField(label='密码', validators=[DataRequired()])
    # 此处使用 11 位数字的正则表达式检测手机号
    phone = StringField(label='手机号', validators=[Optional(), Regexp(r'\d{11}')])
    email = StringField(label='邮箱', validators=[Optional(), Email()])
    introduce = TextAreaField(label='自我介绍')
    submit = SubmitField(label='注册')
```

以下是视图函数的实现代码（user/views.py）。

```
from flask import render_template, request, redirect, flash, abort

from app import dh
from . import user
from .forms import *
from .models import *

@user.route('/register', methods=['GET', 'POST'])
def register():
    form = RegisterForm()

    if request.method == 'POST' and form.validate_on_submit():
        item = UserModel(
            username=form.username.data,
            password=form.password.data,
            info=UserInfoModel(
                phone=form.phone.data,
                email=form.email.data,
```

```
                    introduce=form.introduce.data,
                ),
            )

            try:
                dh.session.add(item)
                dh.session.commit()

                flash('注册成功', 'success')
                return redirect('/user/login')
            except Exception as e:
                flash('注册失败 - %s' % e, 'danger')
                return abort(500)
        else:
            return render_template('common/form.html', form=form, title='
用户注册')
```

注册功能完成后的效果如图 7-3-1 所示。

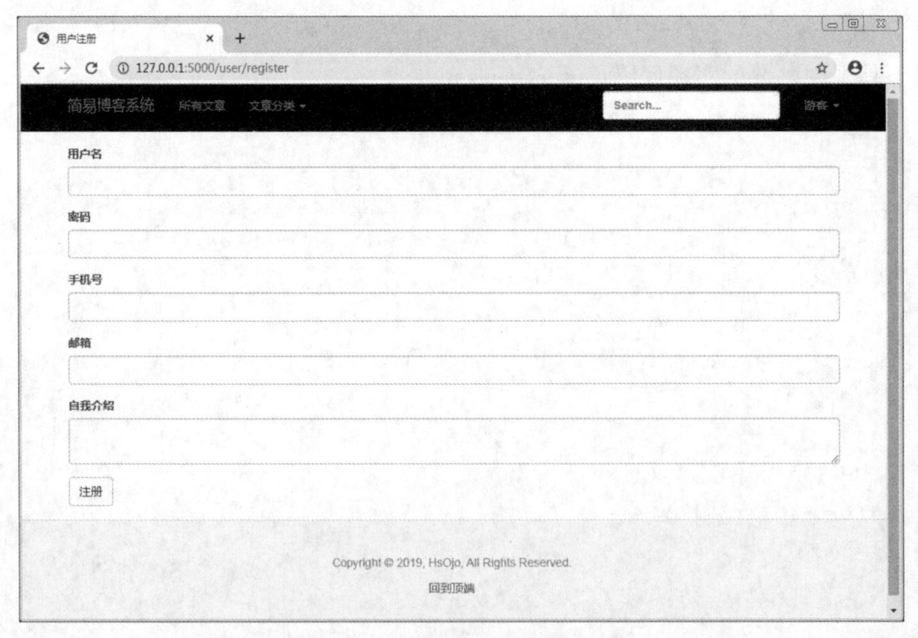

图 7-3-1 注册功能完成后的效果

7.3.3 登录、注销功能

登录功能只需要根据表单中所提供的账号密码在数据库中查询，找到相应用户后使用 Flask-Login 提供的 login_user()建立会话即可，而注销则使用 logout_user()清除会话数据即可（可参考 6.4 节）。

以下是表单类的实现代码（user/forms.py）。

```
class LoginForm(FlaskForm):
    username = StringField(label='用户名', validators=[DataRequired()])
    password = PasswordField(label='密码', validators=[DataRequired()])
    remember = BooleanField(label='记住登录状态')
    submit = SubmitField(label='登录')
```

以下是视图函数的实现代码（user/views.py）。

```
@user.route('/login', methods=['GET', 'POST'])
def login():
    form = LoginForm()

    if request.method == 'POST' and form.validate_on_submit():
        try:
            item = UserModel.query.filter_by(username=form.username.data,
password=form.password.data).first()
            if item is not None:
                login_user(item, form.remember.data)
                flash('登录成功', 'success')
                next_path = request.args.get('next', request.path)
                return redirect(next_path)
            else:
                raise Exception('用户名或密码错误')
        except Exception as e:
            flash('登录失败 - %s' % e, 'danger')
            return abort(500)
    else:
        return render_template('common/form.html', form=form, title='用
户登录')

@user.route('/logout')
@login_required
def logout():
    if logout_user():
        flash('注销成功', 'success')
        return redirect('/user/login')
```

登录功能完成后的效果如图 7-3-2 所示。

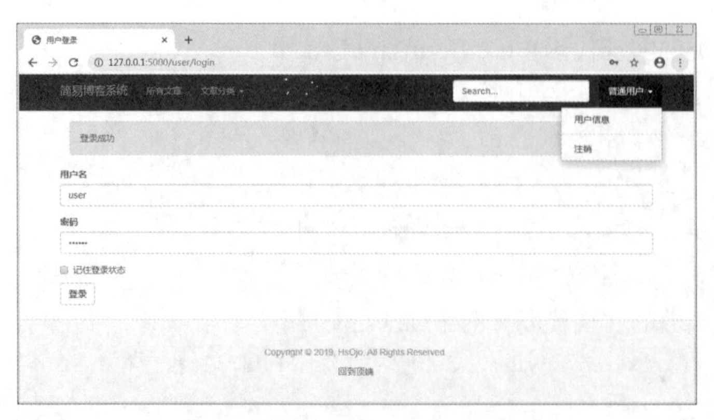

图 7-3-2　登录功能完成后的效果

7.3.4　用户信息功能

用户信息功能的实现也同样简单，实际上是“查询数据”与“修改数据”操作。查看用户信息只需要根据链接中所包含的“id”查询相应用户信息，“注入变量”到模板页面中显示即可；而编辑用户信息则通过 get_current_user()获取当前用户对象，然后修改数据即可。

以下是表单类的实现代码（user/forms.py）。

```
class UserInfoEditForm(FlaskForm):
    password = PasswordField(label='密码', description='留空则不改变密码')
    nickname = StringField(label='昵称')
    phone = StringField(label='手机号', validators=[Optional(),
Regexp(r'\d{11}')])
    email = StringField(label='邮箱', validators=[Optional(), Email()])
    introduce = TextAreaField(label='自我介绍')
    submit = SubmitField(label='编辑')
```

以下是视图函数的实现代码（user/views.py）。

```
@user.route('/<int:id>')
def view(id: int):
    try:
        item = UserModel.query.get(id)  # type: UserModel
        if item is not None:
            return render_template('user/view.html', item=item)
        else:
            return abort(404)
    except Exception as e:
        flash('查看用户 - %s' % e, 'danger')
        return abort(404)


@user.route('/edit', methods=['GET', 'POST'])
```

```
@login_required
def edit():
    form = UserInfoEditForm()

    try:
        item = get_current_user()

        if request.method == 'POST' and form.validate_on_submit():
            if form.password.data != '':
                item.password = form.password.data
            item.info.nickname = form.nickname.data
            item.info.phone = form.phone.data
            item.info.email = form.email.data
            item.info.introduce = form.introduce.data

            dh.session.add(item)
            dh.session.commit()

            flash('编辑成功', 'success')
            return redirect('/user/edit')
        else:
            form.password.data = item.password
            form.nickname.data = item.info.nickname
            form.phone.data = item.info.phone
            form.email.data = item.info.email
            form.introduce.data = item.info.introduce

            return render_template('common/form.html', form=form,
title='用户信息编辑')
    except Exception as e:
        flash('编辑失败 - %s' % e, 'danger')
        return abort(500)
```

以下是查看用户信息模板页面的代码（user/view.html）。

```
{# 用户信息展示页 #}
{% extends 'common/base.html' %}

{% block title %}查看用户{% endblock %}
```

```
{% block content_inner %}
    <table class="table">
        <tr>
            <th>名称</th>
            <td>{{ item.info.nickname or item.username }}</td>
        </tr>
        <tr>
            <th>手机号</th>
            <td>{{ item.info.phone }}</td>
        </tr>
        <tr>
            <th>邮箱</th>
            <td>{{ item.info.email }}</td>
        </tr>
        <tr>
            <th>介绍</th>
            <td>{{ item.info.introduce }}</td>
        </tr>
    </table>
{% endblock %}
```

用户信息编辑页面的效果如图 7-3-3 所示。

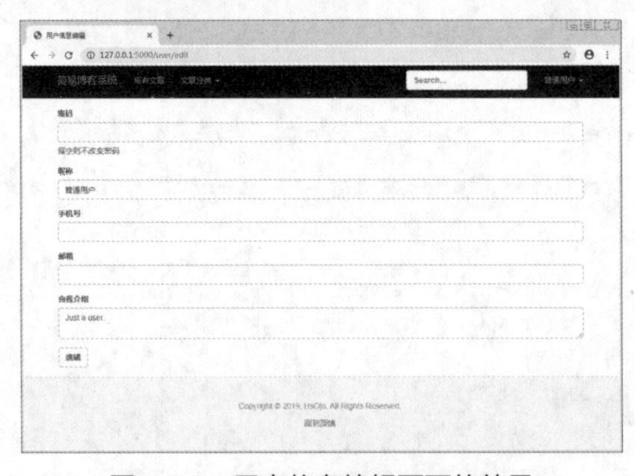

图 7-3-3　用户信息编辑页面的效果

简易博客系统-用户模块

在本节中，如果对操作过程有疑问，可跟随左侧视频进行操作。

7.4 文章模块

文章模块是整个博客系统中最重要的模块。文章模块需要实现分页显示文章列表、按分类显示文章、搜索文章、文章留言几个核心功能。其列表显示功能为首页所依赖。

7.4.1 数据模型定义

根据数据模型设计图，可定义以下模型，代码如下（article/models.py）。

```
from typing import List

from app import db
from app.database import BaseModel
from app.user.models import UserModel

class CategoryModel(db.Model, BaseModel):
    __tablename__ = 'category'

    id = db.Column(db.INTEGER, primary_key=True, autoincrement=True)
    name = db.Column(db.VARCHAR, unique=True)

    articles = db.relationship('ArticleModel', backref='category',
uselist=True)  # type: List[ArticleModel]

class ArticleModel(db.Model, BaseModel):
    __tablename__ = 'article'

    author: UserModel
    category: CategoryModel

    id = db.Column(db.INTEGER, primary_key=True, autoincrement=True)
    author_id = db.Column(db.INTEGER, db.ForeignKey(UserModel.id),
index=True)
    category_id = db.Column(db.INTEGER, db.ForeignKey(CategoryModel.id),
index=True)
    title = db.Column(db.VARCHAR, index=True)
    content = db.Column(db.VARCHAR)
    create_time = db.Column(db.INTEGER, index=True)
    update_time = db.Column(db.INTEGER, index=True)
```

```
        view_count = db.Column(db.INTEGER, default=0)

        comments = db.relationship('CommentModel', backref='article', uselist=True,
                                   cascade='all')
        # type: List[CommentModel]

    class CommentModel(db.Model, BaseModel):
        __tablename__ = 'comment'

        author: UserModel
        article: ArticleModel

        id = db.Column(db.INTEGER, primary_key=True, autoincrement=True)
        author_id = db.Column(db.INTEGER, db.ForeignKey(UserModel.id),
index=True)
        article_id = db.Column(db.INTEGER, db.ForeignKey(ArticleModel.id),
index=True)
        content = db.Column(db.VARCHAR)
        create_time = db.Column(db.INTEGER, index=True)
```

7.4.2 文章生成宏指令

在博客系统中，文章会在各个页面中显示，如首页、文章列表页、文章查看页等。此时便需要建立宏指令，对单个文章对象生成相应的 HTML 结构，或者根据多个文章对象组成的列表，生成文章列表的 HTML 结构，以便在各个页面中重复使用。

以下是宏指令模板的实现代码（article/macros.html）。

```
    {# 生成单个文章的 HTML 结构 #}
    {% macro generate_article(article, is_full=True) %}
        <div class="blog-post">
            <h2 class="blog-post-title">
                {% if is_full %}
                    {{ article.title }}
                {% else %}
                    <a href="{{ url_for('article.view', id=article.id) }}">
{{ article.title }}</a>
                {% endif %}
            </h2>
            <p class="blog-post-meta">
```

```
            于 {{ article.create_time | convert_time }} 由
            {% if article.author %}
                <a href="{{ url_for('user.view', id=article.author_id) }}">
                    {{ article.author.username }}
                </a>
            {% else %}
                未知作者
            {% endif %}
            发布，最后更新于 {{ article.update_time | convert_time }}。
            阅读量：{{ article.view_count }}
        </p>
        <p>
            {% if is_full %}
                {# 默认情况下为确保内容安全，Jinja2 会对数据进行 HTML 实体转义 #}
                {{ article.content | safe }}
            {% else %}
                {# 使用 truncate 过滤器对内容进行截断 #}
                {{ article.content | safe | striptags | truncate }}
            {% endif %}
        </p>
    </div>
{% endmacro %}

{# 生成多个文章的 HTML 结构 #}
{% macro generate_articles(articles) %}
    {% for article in articles %}
        {{ generate_article(article, False) }}
    {% endfor %}

    {# 如果内容为空，则添加提示信息 #}
    {% if not articles %}
        <p>emmmm，作者偷懒啦，并没有添加文章。</p>
    {% endif %}
{% endmacro %}
```

7.4.3 最新文章列表、搜索

最新文章列表与搜索功能实际上就是从数据库中获取相应数据并排序，最终展示出来的页面为分页文章列表（可参考 5.3.6 小节）。

以下是视图函数的实现代码（article/views.py）。

```
from flask import render_template, request, redirect
from sqlalchemy import or_

from app.portal.common import load_setting
from . import article
from .models import ArticleModel

@article.route('/article/list_all')
def list_all():
    site_setting = load_setting('site_setting')  # type: dict
    per_page = site_setting.get('list_all_per_page', 5)
    pagination  =  ArticleModel.query.order_by(ArticleModel.id.desc()).
paginate(None, per_page)

    return render_template('article/list.html', pagination=pagination,
title='所有文章')

@article.route('/article/search')
def search():
    keyword = request.args.get('keyword', '')
    if keyword == '':
        return redirect('/')

    site_setting = load_setting('site_setting')  # type: dict
    per_page = site_setting.get('search_per_page', 5)
    pagination  =  ArticleModel.query.order_by(ArticleModel.id.desc()).
filter(
        or_(ArticleModel.title.contains(keyword), ArticleModel.content.
contains(keyword))
    ).paginate(None, per_page)

    return  render_template('article/list.html',  pagination=pagination,
title='"%s" 的搜索结果' % keyword)
```

由于以上两个视图函数的最终效果都是分页文章列表，所以可以使用相同的模板页面，将网页标题作为变量进行注入。

以下是模板页面的实现代码（article/list.html）。

```
{% extends 'common/base.html' %}

{% import 'article/macros.html' as macros %}

{% import 'bootstrap/pagination.html' as pagi %}

{% block title %}{{ title }}{% endblock %}

{% block content_inner %}
    <div class="container">
        <div class="row">
            <div class="col-sm-8 blog-main">
                <div class="blog-header">
                    <h1 class="blog-title">{{ title }}</h1>
                </div>
                {{ macros.generate_articles(pagination.items) }}
                {{ pagi.render_pagination(pagination) }}
            </div>
            {% include 'common/right.html' %}
        </div>
    </div>
{% endblock %}
```

在入口模块构建好的前台基准页在这里便体现出了作用：一个文章列表页面只需要关注其本身的实现，其他公共内容只要通过包含或者继承的方式引入即可，大幅度降低了开发难度。

文章列表完成后的效果如图 7-4-1 和图 7-4-2 所示。

图 7-4-1　所有文章页

图 7-4-2　搜索结果页

7.4.4　文章分类

实现文章分类功能只需要根据 URL 中所包含的名称查找相应的分类对象，最后将分类对象所关联的文章注入模板页面中显示即可。其本质仍是文章列表的实现，所以使用之前编写好的“article/list.html”模板页面即可。

以下是视图函数的实现代码（article/views.py）。

```
from flask import render_template, abort, flash

from app.portal.common import load_setting
from . import article
from .models import ArticleModel, CategoryModel

@article.route('/category/<name>')
def category(name: str):
    item = CategoryModel.query.filter_by(name=name).first()  # type: CategoryModel

    site_setting = load_setting('site_setting')  # type: dict
    per_page = site_setting.get('category_per_page', 5)
    pagination = ArticleModel.query.order_by(ArticleModel.id.desc()).filter_by(category_id=item.id).paginate(None, per_page)

    if item is not None:
        return render_template('article/list.html', pagination=pagination,
```

```
title=item.name)
    else:
            flash('分类不存在', 'danger')
            return abort(404)
```

文章分类页完成后的效果如图 7-4-3 所示。

图 7-4-3　文章分类页完成后的效果

7.4.5　文章查看、阅读量统计、文章留言

查看文章时，通常可以看到阅读量及文章留言，这 3 个功能都在一个页面中实现。由于功能代码篇幅较长，接下来将分为两部分进行演示。

以下是视图函数的实现代码（文章查看部分）（article/views.py）。

```
import time

from flask import render_template, abort, redirect, url_for, flash
from flask_login import login_required

from app import dh
from app.article.common import article_view_count
from app.portal.common import load_setting
from app.user.common import get_current_user
from . import article
from .forms import CommentForm
from .models import ArticleModel, CommentModel
```

```
@article.route('/article/<int:id>')
def view(id: int):
    form = CommentForm()
    item = ArticleModel.query.get(id)  # type: ArticleModel

    if item is not None:
        site_setting = load_setting('site_setting')  # type: dict
        per_page = site_setting.get('comment_per_page', 5)
        pagination = CommentModel.query.filter_by(article_id=id).
paginate(None, per_page)
        article_view_count(item)
        return render_template('article/view.html', item=item,
pagination=pagination, form=form)
    else:
        flash('文章不存在', 'danger')
        return abort(404)
```

在文章查看时使用了 article_view_count()，该方法实现于文章模块公共方法中。

以下是文章模块公共方法的实现代码（article/common.py）。

```
from flask import session

from app import dh
from app.article.models import ArticleModel

# 文章阅读统计更新
def article_view_count(item: ArticleModel):
    # 获取会话中阅读过的文章 id 列表
    article_view_ids = session.get('article_view_ids', [])

    if item.id not in article_view_ids:
        # 将文章 id 添加到会话中阅读过的文章 id 列表
        article_view_ids.append(item.id)
        session['article_view_ids'] = article_view_ids
        # 更新访问数
        item.view_count += 1
        dh.session.add(item)
        dh.session.commit()
```

为了确定访问是否来自不同的用户，此处使用 Session 记录当前会话的用户所阅读过的文章。

以下是模板页面的实现代码（article/view.html）。

```
{# 文章浏览页面 #}

{% extends 'common/base.html' %}

{% block title %}{{ item.title }}{% endblock %}

{% import 'article/macros.html' as macros %}
{% import 'bootstrap/pagination.html' as pagi %}
{% import 'bootstrap/wtf.html' as wtf %}

{% block content_inner %}
    <div class="container">
        <div class="row">
            <div class="col-sm-8 blog-main">
                {{ macros.generate_article(item) }}

                {# 博客留言内容展示 #}
                <div class="row">
                    {{ macros.generate_comments(pagination.items) }}
                    {# 渲染分页按钮 HTML 结构 #}
                    {{ pagi.render_pagination(pagination) }}
                </div>

                {# 生成留言表单 #}
                <div class="row" style="margin-bottom: 32px">
                    {{ wtf.quick_form(form, action=url_for('article.
comment',id=item.id)) }}
                    {{ ckeditor.load() }}
                    {{ ckeditor.config(name='content', height=128) }}
                </div>
            </div>
            {% include 'common/right.html' %}
        </div>
    </div>
{% endblock %}
```

至此，便实现了查看文章功能，接下来是文章留言的部分。

以下是生成留言列表的宏指令实现代码（article/macros.html）。

```
{# 生成单个文章留言 #}
{% macro generate_comment(comment) %}
    <div class="row blog-comment">
        <div class="col-xs-9">
            <h4>
                <a href="{{ url_for('user.view', id=comment.author_id) }}">
                    {% if comment.author %}
                        {{ comment.author.info.nickname or comment.author.username }}
                    {% else %}
                        未知用户
                    {% endif %}
                </a>:
            </h4>
        </div>
        <div class="col-xs-3">
            <h5>{{ comment.create_time | convert_time }}</h5>
        </div>
        <div class="col-xs-12">
            {{ comment.content | safe }}
        </div>
    </div>
{% endmacro %}

{# 生成多个文章留言 #}
{% macro generate_comments(comments) %}
    {% for comment in comments %}
        {{ generate_comment(comment) }}
    {% endfor %}

    {% if not comments %}
        <p style="text-align: center">暂时没有留言</p>
    {% endif %}
{% endmacro %}
```

生成留言列表的宏指令与生成文章列表所使用的宏指令结构相似，仅仅是生成的HTML结构与数据不一样。

以下是留言功能表单类的实现代码（article/forms.py）。

```
from flask_ckeditor import CKEditorField
from flask_wtf import FlaskForm
from wtforms import SubmitField
from wtforms.validators import DataRequired

class CommentForm(FlaskForm):
    content = CKEditorField(label='留言内容', validators=[DataRequired()])
    submit = SubmitField(label='添加')
```

该表单类相当简单，仅包含一个内容输入表单项。

以下是视图函数的实现代码（article/views.py）。

```
@article.route('/article/<int:id>', methods=['POST'])
@login_required
def comment(id: int):
    form = CommentForm()
    item = ArticleModel.query.get(id)  # type: ArticleModel

    if item is not None:
        if form.validate_on_submit():
            now = time.time()
            item = CommentModel(
                author_id=get_current_user().id,
                article_id=id,
                content=form.content.data,
                create_time=now
            )
            dh.session.add(item)
            dh.session.commit()
        else:
            flash('提交留言失败', 'danger')
            abort(500)
    else:
        flash('文章不存在', 'danger')
        return abort(404)

    return redirect(url_for('article.view', id=id))
```

由于留言功能需要登录后才能使用，所以仅需要用“login_required”装饰器进行装饰即可。获取到当前登录用户后，便可以将留言与用户进行关联。

文章查看页面完成后的效果如图 7-4-4 所示。

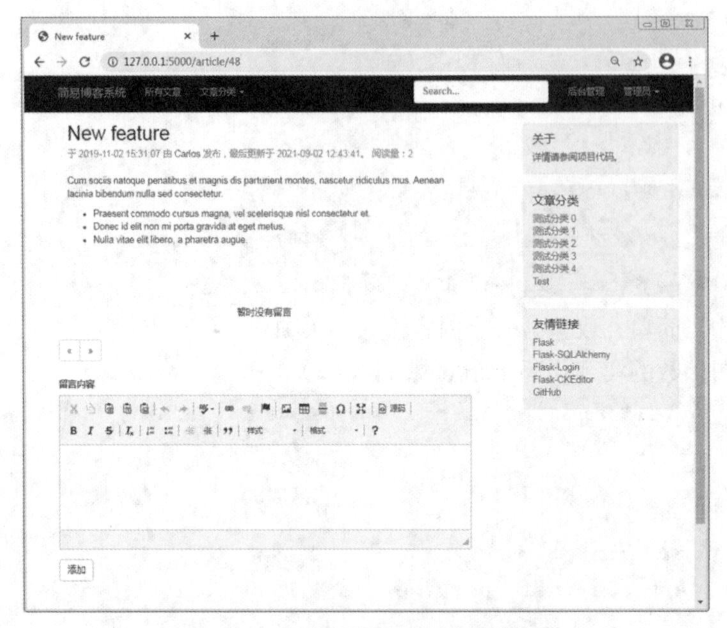

图 7-4-4　文章查看页面完成后的效果

简易博客系统-文章模块

在本节中，如果对操作过程有疑问，可跟随左侧视频进行操作。

7.5 管理模块

管理模块（即后台）用于管理整个博客系统的数据，管理员可以在里面编辑博客的信息、修改相关设置、添加文章、编辑用户等。

7.5.1 后台基本实现

1. 定义蓝图

管理模块包含多个子模块，如用户管理、文章管理、入口管理。可参考 6.3.2 小节定义相关蓝图。

以下是蓝图实现代码（admin/__init__.py）。

```
from flask import Blueprint


from .common import *
```

```
admin = Blueprint('admin', __name__)

from .article import article as admin_article
from .portal import portal as admin_portal
from .user import user as admin_user
from .friend_link import friend_link as admin_friend_link

from . import views
```

2. 管理员认证访问

后台页面都需要管理员登录才可以访问。可参考 6.4.4 小节实现管理员认证访问的装饰器。以下是装饰器的实现代码（admin/common.py）。

```
from functools import wraps

from flask import abort, flash
from flask_login import login_required

from app.user.common import get_current_user

def admin_required(func):
    @wraps(func)
    def decorated_view(*args, **kwargs):
        if not get_current_user().is_admin:
            flash('拒绝访问', 'danger')
            return abort(403)
        return func(*args, **kwargs)

    return login_required(decorated_view)
```

3. 后台基准页

后台基准页与前台基准页不同的地方有：去除页尾、全页面显示、添加左侧菜单栏。以下是模板页面的实现代码（admin/base.html）。

```
{# 后台基准模板，结构上与前台基准模板差异不大 #}

{% extends 'bootstrap/base.html' %}
{% import 'bootstrap/utils.html' as utils %}
```

```
{% set site_setting = load_setting('site_setting') %}
{% set info_setting = load_setting('info_setting') %}

{% block navbar %}
    {# 加载导航栏 #}
    {% include 'common/nav.html' %}
{% endblock %}

{% block styles %}
    {{ super() }}
    <link href="{{ url_for('static', filename='admin/dashboard.css') }}"
rel="stylesheet">
{% endblock %}

{% block content %}
    <div class="container-fluid" style="padding-top: 72px;">
        <div class="row">
            {# 加载后台页面左边菜单栏 #}
            {% include 'admin/left.html' %}
            <div class="col-sm-9 col-sm-offset-3 col-md-10 col-md-offset-2
main">
                {{ utils.flashed_messages() }}
                {% block content_inner %}{% endblock %}
            </div>
        </div>
    </div>
{% endblock %}
```

7.5.2 用户管理

当管理员要对用户进行操作时，首先需要从列表中找到相应的用户，单击“编辑”链接可以修改用户的信息，单击“删除”链接可以删除相应的用户。这便是用户模块管理最基本的使用流程。

1. 用户列表

用户列表的实现方式与前台的文章列表类似，同样是从数据库中查询数据再渲染到相应视图模板当中。其模板页面继承于上一小节中的后台基准页。

以下是视图函数的实现代码（admin/user/views.py）。

```
from flask import render_template, redirect, flash, abort, request

from app import dh
from app.portal.common import load_setting
from app.user.models import UserModel
from . import user
from .forms import UserEditForm
from .. import admin_required

@user.route('/')
@user.route('/index')
@admin_required
def index():
    site_setting = load_setting('site_setting')  # type: dict
    per_page = site_setting.get('admin_per_page', 20)
    pagination = UserModel.query.paginate(None, per_page)

    return render_template('admin/user/index.html', pagination=pagination)
```

以下是模板页面的实现代码（admin/user/index.html）。

```
{% extends 'admin/base.html' %}

{% block title %}用户管理{% endblock %}

{% import 'bootstrap/pagination.html' as pagi %}

{% block content_inner %}
    <ul id="tab" class="nav nav-tabs">
        <li class="active"><a href="{{ url_for('admin.user.index') }}">
用户列表</a></li>
    </ul>
    <table class="table">
        <tr>
            <th>id</th>
            <th>用户名</th>
            <th>昵称</th>
            <th>手机号</th>
            <th>邮箱</th>
```

```
                <th>介绍</th>
                <th>操作</th>
            </tr>
            {% for item in pagination.items %}
                <tr>
                    <td>{{ item.id }}</td>
                    <td>{{ item.username }}</td>
                    <td>{{ item.info.nickname or '（无）' }}</td>
                    <td>{{ item.info.phone }}</td>
                    <td>{{ item.info.email }}</td>
                    <td>{{ item.info.introduce }}</td>
                    <td>
                        <a href="{{ url_for('admin.user.edit', id=item.id) }}">
编辑</a>
                        <a href="{{ url_for('admin.user.delete', id=item.id) }}">
删除</a>
                    </td>
                </tr>
            {% endfor %}
        </table>
        {{ pagi.render_pagination(pagination) }}
    {% endblock %}
```

用户列表“操作”列中的“编辑”“删除”链接通过“id”属性来传递管理员操作的用户 id 到各个功能页面中。

用户列表页面完成后的效果如图 7-5-1 所示。

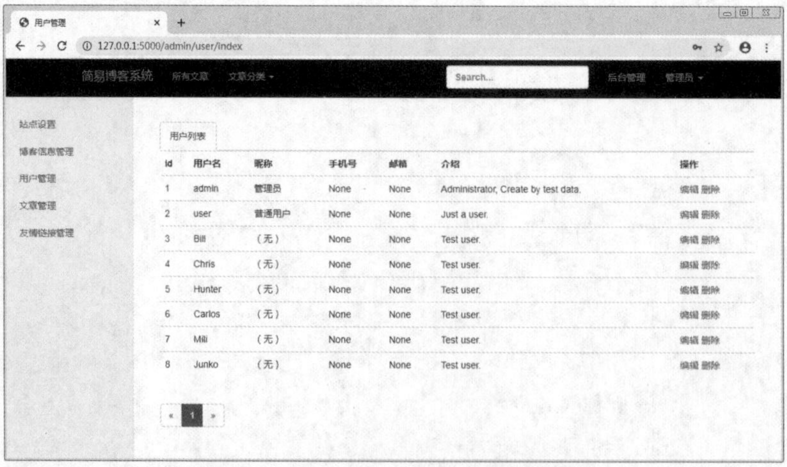

图 7-5-1　用户列表页面完成后的效果

2. 编辑用户

用户编辑功能要通过用户列表页面实现。在打开用户编辑页面时，系统根据用户列表页中提供的“id”获取相应用户的信息，并将其信息展示在用户编辑表单中。当管理员编辑完并单击“编辑”链接后，系统会将新的信息保存到数据库。

以下是表单类的实现代码（admin/user/forms.py）。

```
from flask_wtf import FlaskForm
from wtforms import StringField, PasswordField, TextAreaField, SubmitField, BooleanField
from wtforms.validators import DataRequired, Optional, Regexp, Email

class UserEditForm(FlaskForm):
    username = StringField(label='用户名', validators=[DataRequired()])
    password = PasswordField(label='密码', description='留空则不改变密码')
    is_admin = BooleanField(label='是否为管理员')
    nickname = StringField(label='昵称')
    # 此处使用11位数字的正则表达式检测手机号
    phone = StringField(label='手机号', validators=[Optional(), Regexp(r'\d{11}')])
    email = StringField(label='邮箱', validators=[Optional(), Email()])
    introduce = TextAreaField(label='自我介绍')
    submit = SubmitField(label='编辑')
```

以下是视图函数的实现代码（admin/user/views.py）。

```
@user.route('/edit/<int:id>', methods=['GET', 'POST'])
@admin_required
def edit(id: int):
    form = UserEditForm()

    try:
        item = UserModel.query.get(id)  # type: UserModel
        if item is None:
            flash('用户不存在', 'danger')
            return abort(404)

        if request.method == 'POST' and form.validate_on_submit():
            item.username = form.username.data
            if form.password.data != '':
                item.password = form.password.data
```

```
                item.is_admin = form.is_admin.data
                item.info.nickname = form.nickname.data
                item.info.phone = form.phone.data
                item.info.email = form.email.data
                item.info.introduce = form.introduce.data

                dh.session.add(item)
                dh.session.commit()

                flash('编辑成功', 'success')
                return redirect('/admin/user/index')
            else:
                form.username.data = item.username
                form.password.data = item.password
                form.is_admin.data = item.is_admin
                form.nickname.data = item.info.nickname
                form.phone.data = item.info.phone
                form.email.data = item.info.email
                form.introduce.data = item.info.introduce

                return render_template('admin/user/edit.html', form=form)
        except Exception as e:
            flash('编辑失败 - %s' % e, 'danger')
            return abort(500)
```

此处，编辑功能中表单与模型之间进行数据交换的代码在字段较多时会显得较为冗长，但由于本章主要用于描述基础应用实例，故采用尽可能简单的结构进行表示。

以下是模板页面的实现代码（admin/user/edit.html）。

```
{% extends 'admin/base.html' %}

{% import 'bootstrap/wtf.html' as wtf %}

{% block title %}用户编辑{% endblock %}

{% block content_inner %}
    <ul id="tab" class="nav nav-tabs">
        <li><a href="{{ url_for('admin.user.index') }}">用户列表</a></li>
        <li class="active"><a href="{{ url_for(request.endpoint,
```

```
**request.view_args) }}">编辑用户</a></li>
        </ul>
        <br>
        {{ wtf.quick_form(form) }}
    {% endblock %}
```

用户编辑页面完成后的效果如图 7-5-2 所示。

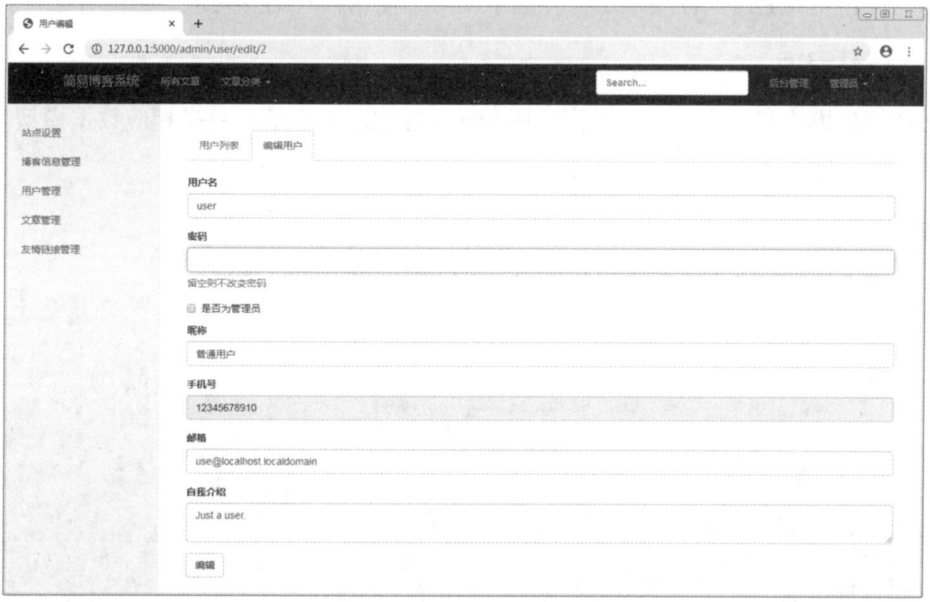

图 7-5-2 用户编辑页面完成后的效果

3. 删除用户

用户删除功能与编辑功能一致，通过用户列表页面实现。当管理员单击“删除”链接时，系统将根据用户列表页中所提供的“id”获取相应用户，并将其从数据库中删除。

以下是视图函数的实现代码（admin/user/views.py）。

```
@user.route('/delete/<int:id>')
@admin_required
def delete(id: int):
    try:
        item = UserModel.query.get(id)  # type: UserModel
        if item is not None:
            dh.session.delete(item)
            dh.session.commit()

            flash('删除成功')
            return redirect('/admin/user/index')
```

```
        else:
            flash('用户不存在', 'danger')
            return abort(404)
    except Exception as e:
        flash('删除失败 - %s' % e, 'danger')
        return abort(500)
```

删除操作完成之后只需要展示操作结果即可，使用闪现消息是最理想的方案。

7.5.3 文章管理

文章管理模块与用户管理模块都是用于管理数据库对象的，只是相应数据模型所包含的属性不同，但本质上是一致的。

1. 文章列表

以下是文章列表功能视图函数的实现代码（admin/article/views.py）。

```
import time

from flask import render_template, flash, abort, redirect, request

from app import dh
from app.admin.article.forms import ArticleAddForm, ArticleEditForm
from app.article.common import get_category
from app.article.models import ArticleModel
from app.portal.common import load_setting
from app.user.common import get_current_user
from . import article
from .. import admin_required

@article.route('/')
@article.route('/index')
@admin_required
def index():
    site_setting = load_setting('site_setting')  # type: dict
    per_page = site_setting.get('admin_per_page', 20)
    pagination = ArticleModel.query.paginate(None, per_page)

    return render_template('admin/article/index.html', pagination=
pagination)
```

以下是模板页面的实现代码（admin/article/index.html）。

```
{% extends 'admin/base.html' %}

{% block title %}文章管理{% endblock %}

{% import 'bootstrap/pagination.html' as pagi %}

{% block content_inner %}
    <ul id="tab" class="nav nav-tabs">
        <li class="active"><a href="{{ url_for('admin.article.index') }}">
文章列表</a></li>
        <li><a href="{{ url_for('admin.article.add') }}">添加文章</a></li>
    </ul>
    <table class="table">
        <tr>
            <th>id</th>
            <th>文章标题</th>
            <th>文章分类</th>
            <th>作者</th>
            <th>创建时间</th>
            <th>更新时间</th>
            <th>阅读量</th>
            <th>操作</th>
        </tr>
        {% for item in pagination.items %}
            <tr>
                <td>{{ item.id }}</td>
                <td>{{ item.title }}</td>
                <td>{{ item.category.name }}</td>
                <td>
                    {% if item.author %}
                        {{ item.author.info.nickname or item.author.
username }}
                    {% endif %}
                </td>
                <td>{{ item.create_time | convert_time }}</td>
                <td>{{ item.update_time | convert_time }}</td>
                <td>{{ item.view_count }}</td>
```

```
                    <td>
                        <a href="{{ url_for('admin.article.edit', id=item.id) }}">编辑</a>
                        <a href="{{ url_for('admin.article.delete', id=item.id) }}">删除</a>
                    </td>
                </tr>
            {% endfor %}
        </table>
        {{ pagi.render_pagination(pagination) }}
    {% endblock %}
```

文章列表页面完成后的效果如图 7-5-3 所示。

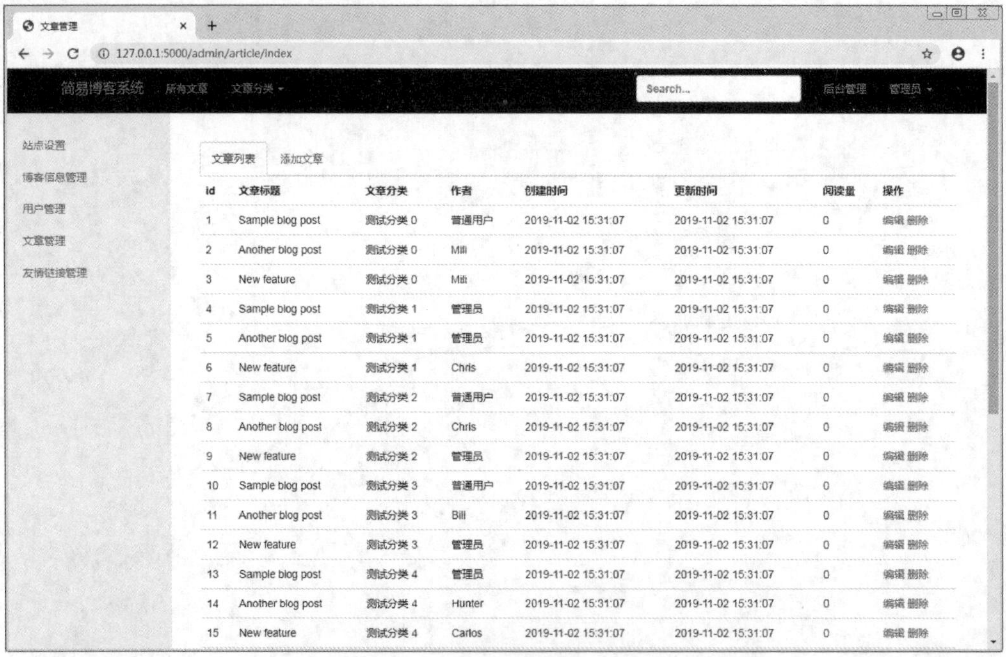

图 7-5-3　文章列表页面完成后的效果

2. 添加文章

以下是添加文章功能表单类的实现代码（admin/article/forms.py）。

```
from flask_ckeditor import CKEditorField
from flask_wtf import FlaskForm
from wtforms import StringField, SubmitField
from wtforms.validators import DataRequired


class ArticleAddForm(FlaskForm):
```

```
    title = StringField(label='文章标题', validators=[DataRequired()])
    category = StringField(label='文章分类', validators=[DataRequired()])
    content = CKEditorField(label='文章内容', validators=[DataRequired()])
    submit = SubmitField(label='添加')
```

以下是视图函数的实现代码（admin/article/views.py）。

```
@article.route('/add', methods=['GET', 'POST'])
@admin_required
def add():
    form = ArticleAddForm()

    if request.method == 'POST' and form.validate_on_submit():
        now = int(time.time())
        item = ArticleModel(
            author_id=get_current_user().id,
            title=form.title.data,
            content=form.content.data,
            create_time=now,
            update_time=now,
        )
        item.category = get_category(form.category.data)

        try:
            dh.session.add(item)
            dh.session.commit()

            flash('添加成功', 'success')
            return redirect('/admin/article/index')
        except Exception as e:
            flash('添加失败 - %s' % e, 'danger')
            return abort(500)
    else:
        return render_template('admin/article/add.html', form=form)
```

以下是模板页面的实现代码（admin/article/add.html）。

```
{% extends 'admin/base.html' %}

{% import 'bootstrap/wtf.html' as wtf %}
```

```
{% block title %}添加文章{% endblock %}

{% block content_inner %}
    <ul id="tab" class="nav nav-tabs">
        <li><a href="{{ url_for('admin.article.index') }}">文章列表</a></li>
        <li class="active"><a href="{{ url_for('admin.article.add') }}">
添加文章</a></li>
    </ul>
    <br>
    {{ wtf.quick_form(form) }}
    {{ ckeditor.load() }}
    {{ ckeditor.config(name='content', height=320) }}
{% endblock %}
```

文章添加页面完成后的效果如图 7-5-4 所示。

图 7-5-4　文章添加页面完成后的效果

3. 编辑文章

以下是编辑文章功能表单类的实现代码（admin/article/forms.py）。

```
class ArticleEditForm(ArticleAddForm):
    submit = SubmitField(label='编辑')
```

以下是视图函数的实现代码（admin/article/views.py）。

```
@article.route('/edit/<int:id>', methods=['GET', 'POST'])
```

```
@admin_required
def edit(id: int):
    form = ArticleEditForm()
    try:
        item = ArticleModel.query.get(id)  # type: ArticleModel
        if item is None:
            return abort(404)

        if request.method == 'POST' and form.validate_on_submit():
            now = time.time()
            item.title = form.title.data
            item.content = form.content.data
            item.update_time = now
            item.category = get_category(form.category.data)

            dh.session.add(item)
            dh.session.commit()

            flash('编辑成功', 'success')
            return redirect('/admin/article/index')
        else:
            form.title.data = item.title
            form.content.data = item.content
            form.category.data = item.category.name

            return render_template('admin/article/edit.html', form=form)
    except Exception as e:
        flash('编辑失败 - %s' % e, 'danger')
        return abort(500)
```

以下是模板页面的实现代码（admin/article/edit.html）。

```
{% extends 'admin/base.html' %}

{% import 'bootstrap/wtf.html' as wtf %}

{% block title %}编辑文章{% endblock %}

{% block content_inner %}
```

```
        <ul id="tab" class="nav nav-tabs">
            <li><a href="{{ url_for('admin.article.index') }}">文章列表</a></li>
            <li><a href="{{ url_for('admin.article.add') }}">添加文章</a></li>
            <li class="active"><a href="{{ url_for(request.endpoint, **request.view_args) }}">编辑文章</a></li>
        </ul>
        <br>
        {{ wtf.quick_form(form) }}
        {{ ckeditor.load() }}
        {{ ckeditor.config(name='content', height=320) }}
    {% endblock %}
```

文章编辑页面完成后的效果如图 7-5-5 所示。

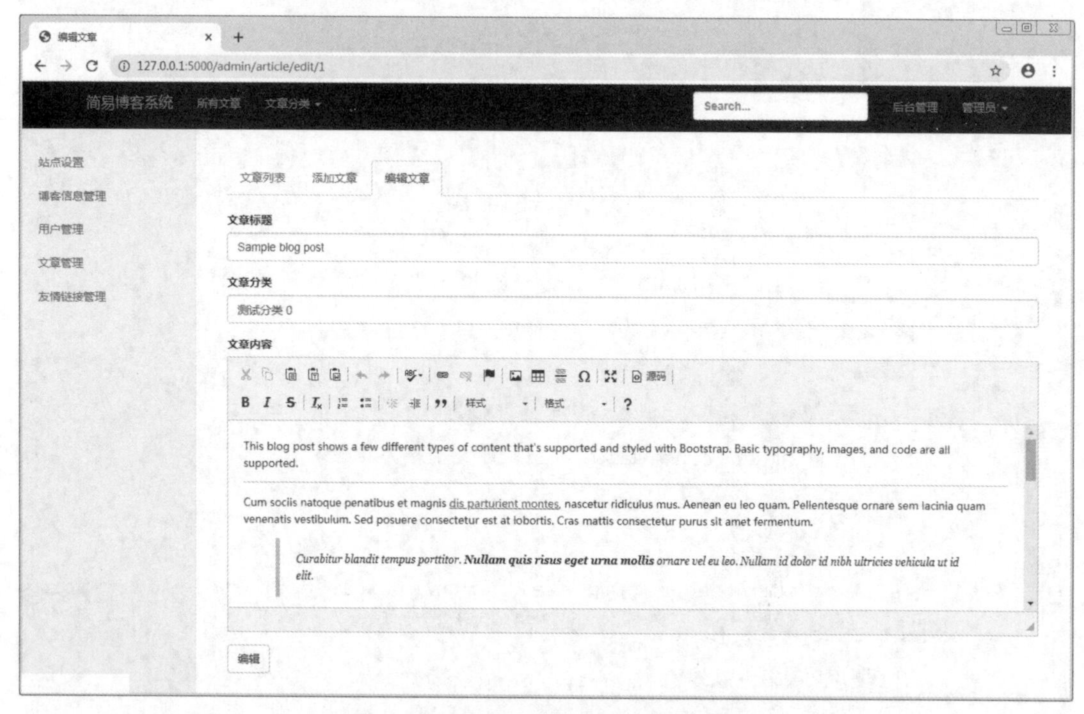

图 7-5-5　文章编辑页面完成后的效果

4. 删除文章

以下是删除文章功能视图函数的实现代码（admin/article/views.py）。

```
@article.route('/delete/<int:id>')
@admin_required
def delete(id: int):
    try:
        item = ArticleModel.query.get(id)  # type: ArticleModel
```

```
            if item is not None:
                dh.session.delete(item)
                dh.session.commit()

                flash('删除成功')
                return redirect('/admin/article/index')
            else:
                return abort(404)
        except Exception as e:
            flash('删除失败 - %s' % e, 'danger')
            return abort(500)
```

7.5.4　友情链接管理

友情链接管理模块与用户管理模块都是用于管理数据库对象的，只是相应数据模型所包含的属性不同，但本质上是一致的。

1. 友情链接列表

以下是友情链接列表功能视图函数的实现代码（admin/friend_link/views.py）。

```
from flask import render_template, request, flash, redirect, abort

from app import dh
from app.admin import admin_required
from app.portal.common import load_setting
from app.portal.models import FriendLinkModel
from . import friend_link
from .forms import *

@friend_link.route('/')
@friend_link.route('/index')
@admin_required
def index():
    site_setting = load_setting('site_setting')  # type: dict
    per_page = site_setting.get('admin_per_page', 20)
    pagination = FriendLinkModel.query.paginate(None, per_page)

    return  render_template('admin/friend_link/index.html',  pagination=
pagination)
```

以下是模板页面的实现代码（admin/friend_link/index.html）。

```
{% extends 'admin/base.html' %}

{% block title %}友情链接管理{% endblock %}

{% import 'bootstrap/pagination.html' as pagi %}

{% block content_inner %}
    <ul id="tab" class="nav nav-tabs">
        <li class="active"><a href="{{ url_for('admin.friend_link.
index') }}">友情链接列表</a></li>
        <li><a href="{{ url_for('admin.friend_link.add') }}">添加友情链接
</a></li>
    </ul>
    <table class="table">
        <tr>
            <th>id</th>
            <th>名称</th>
            <th>链接</th>
            <th>操作</th>
        </tr>
        {% for item in pagination.items %}
            <tr>
                <td>{{ item.id }}</td>
                <td>{{ item.name }}</td>
                <td>{{ item.url }}</td>
                <td>
                    <a href="{{ url_for('admin.friend_link.edit',
id=item.id) }}">编辑</a>
                    <a href="{{ url_for('admin.friend_link.delete',
id=item.id) }}">删除</a>
                </td>
            </tr>
        {% endfor %}
    </table>
    {{ pagi.render_pagination(pagination) }}
{% endblock %}
```

友情链接列表页面完成后的效果如图 7-5-6 所示。

图 7-5-6 友情链接列表页面完成后的效果

2. 添加友情链接

以下是添加友情链接功能表单类的实现代码（admin/friend_link/forms.py）。

```
from flask_wtf import FlaskForm
from wtforms import StringField, SubmitField
from wtforms.validators import DataRequired


class FriendLinkAddForm(FlaskForm):
    name = StringField(label='名称', validators=[DataRequired()])
    url = StringField(label='链接', validators=[DataRequired()])
    submit = SubmitField(label='添加')
```

以下是视图函数的实现代码（admin/friend_link/views.py）。

```
@friend_link.route('/add', methods=['GET', 'POST'])
@admin_required
def add():
    form = FriendLinkAddForm()

    if request.method == 'POST' and form.validate_on_submit():
        item = FriendLinkModel(
            name=form.name.data,
            url=form.url.data,
        )
```

```
            try:
                dh.session.add(item)
                dh.session.commit()

                flash('添加成功', 'success')
                return redirect('/admin/friend_link/index')
            except Exception as e:
                flash('添加失败 - %s' % e, 'danger')
                return abort(500)
        else:
            return render_template('admin/friend_link/add.html', form=form)
```

添加友情链接页面完成后的效果如图 7-5-7 所示。

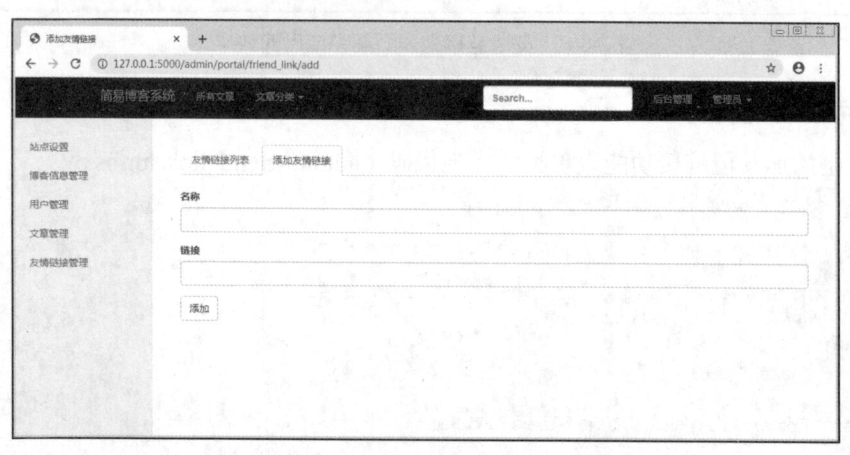

图 7-5-7　添加友情链接页面完成后的效果

3. 编辑友情链接

以下是编辑友情链接功能表单类的实现代码（admin/friend_link/forms.py）。

```
class FriendLinkEditForm(FriendLinkAddForm):
    submit = SubmitField(label='编辑')
```

以下是视图函数的实现代码（admin/friend_link/views.py）。

```
@friend_link.route('/edit/<int:id>', methods=['GET', 'POST'])
@admin_required
def edit(id: int):
    form = FriendLinkEditForm()
    try:
        item = FriendLinkModel.query.get(id)  # type: FriendLinkModel
        if item is None:
```

```
                return abort(404)

            if request.method == 'POST' and form.validate_on_submit():
                item.name = form.name.data
                item.url = form.url.data

                dh.session.add(item)
                dh.session.commit()

                flash('编辑成功', 'success')
                return redirect('/admin/friend_link/index')
            else:
                form.name.data = item.name
                form.url.data = item.url

                return render_template('admin/friend_link/edit.html', form=
form)
        except Exception as e:
            flash('编辑失败 - %s' % e, 'danger')
            return abort(500)
```

以下是模板页面的实现代码（admin/friend_link/edit.html）。

```
    {% extends 'admin/base.html' %}

    {% import 'bootstrap/wtf.html' as wtf %}

    {% block title %}编辑友情链接{% endblock %}

    {% block content_inner %}
        <ul id="tab" class="nav nav-tabs">
            <li><a href="{{ url_for('admin.friend_link.index') }}">友情链接列
表</a></li>
            <li><a href="{{ url_for('admin.friend_link.add') }}">添加友情链接
</a></li>
            <li class="active"><a href="{{ url_for(request.endpoint,
**request.view_args) }}">编辑友情链接</a></li>
        </ul>
        <br>
```

```
    {{ wtf.quick_form(form) }}
{% endblock %}
```

编辑友情链接页面完成后的效果如图 7-5-8 所示。

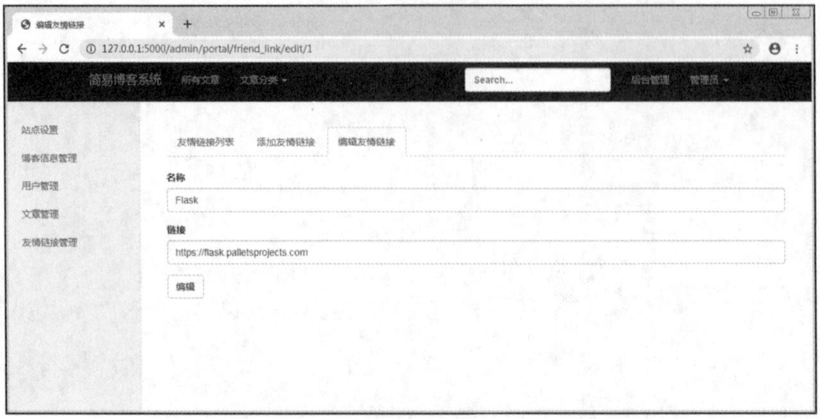

图 7-5-8　编辑友情链接页面完成后的效果

4．删除友情链接

以下是删除友情链接功能视图函数的实现代码（admin/friend_link/views.py）。

```
@friend_link.route('/delete/<int:id>')
@admin_required
def delete(id: int):
    try:
        item = FriendLinkModel.query.get(id)  # type: FriendLinkModel
        if item is not None:
            dh.session.delete(item)
            dh.session.commit()

            flash('删除成功')
            return redirect('/admin/friend_link/index')
        else:
            return abort(404)
    except Exception as e:
        flash('删除失败 - %s' % e, 'danger')
        return abort(500)
```

7.5.5　博客设置

在这个博客系统里，总有一些功能需要根据用户的偏好进行调整，例如博客名称、页尾内容、每个页面展示的对象数量等；又或者是博客信息需要编辑，例如博客首页的标题、描述，以及“关于”信息。

1. 博客系统设置

以下是博客系统设置功能的表单类的实现代码（admin/portal/forms.py）。

```
from flask_wtf import FlaskForm
from wtforms import StringField, SubmitField, TextAreaField, IntegerField
from wtforms.validators import DataRequired

class SystemSettingForm(FlaskForm):
    site_name = StringField(label='网站名称', validators=
[DataRequired()])
    site_footer = TextAreaField(label='网站页尾', validators=
[DataRequired()])
    admin_per_page = IntegerField(label='后台管理项目每页项目数',
validators=[DataRequired()], default=25)
    home_per_page = IntegerField(label='首页文章数', validators=
[DataRequired()], default=3)
    category_per_page = IntegerField(label='分类页每页文章数', validators=
[DataRequired()], default=5)
    list_all_per_page = IntegerField(label='所有文章页每页文章数',
validators= [DataRequired()], default=5)
    search_per_page = IntegerField(label='搜索结果页每页文章数',
validators= [DataRequired()], default=5)
    comment_per_page = IntegerField(label='文章页每页留言数', validators=
[DataRequired()], default=5)
    submit = SubmitField(label='保存')
```

以下是视图函数的实现代码（admin/portal/views.py）。

```
from flask import render_template, request, flash, redirect, abort

from app.portal.common import load_setting, save_setting
from . import portal
from .forms import *

def _setting_inject_form(setting: dict, form):
    # 此函数用于将设置中的数据注入表单中
    if setting is not None:
        for k, v in setting.items():
            if hasattr(form, k):
                getattr(form, k).data = v
```

```
def _form_export_setting(form: FlaskForm):
    # 此函数用于从表单中导出设定数据
    setting = form.data.copy()
    setting.pop('submit')
    setting.pop('csrf_token')
    return setting

@portal.route('/site_setting', methods=['GET', 'POST'])
def site_setting():
    form = SystemSettingForm()

    if request.method == 'POST' and form.validate_on_submit():
        try:
            setting = _form_export_setting(form)
            save_setting('site_setting', setting)
            flash('保存成功', 'success')
            return redirect(request.path)
        except Exception as e:
            flash('保存失败 - %s' % e, 'danger')
            return abort(500)
    else:
        setting = load_setting('site_setting')
        _setting_inject_form(setting, form)
        return render_template('admin/portal/setting.html', form=form,
title='博客系统设置')
```

以下是模板页面的实现代码（admin/portal/settings.html）。

```
{% extends 'admin/base.html' %}

{% import 'bootstrap/wtf.html' as wtf %}

{% block title %}{{ title }}{% endblock %}

{% block content_inner %}
    {{ wtf.quick_form(form) }}
{% endblock %}
```

博客系统设置页面完成后的效果如图 7-5-9 所示。

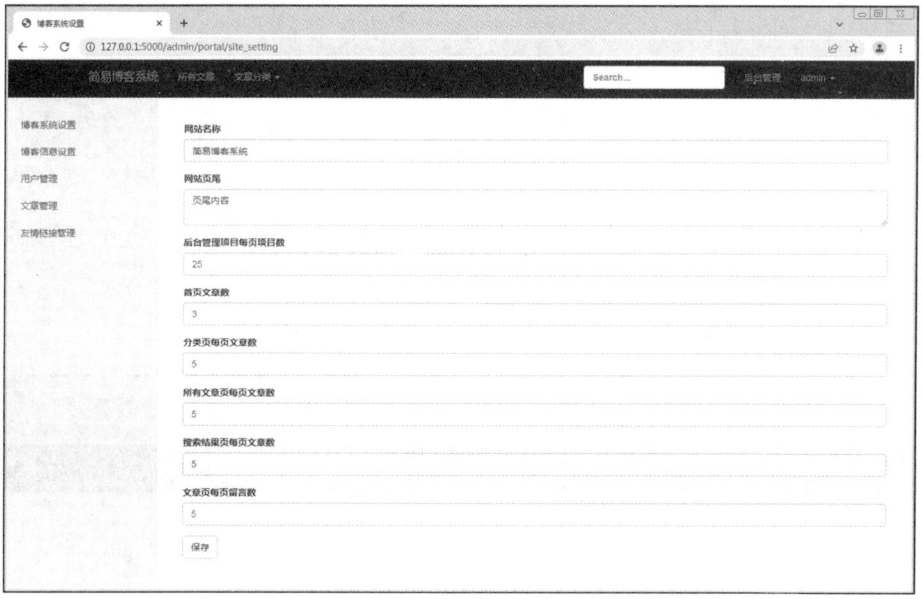

图 7-5-9　博客系统设置页面完成后的效果

2. 博客信息设置

博客信息设置与系统设置在逻辑上是一致的，仅是表单类结构不同及所修改的设置项不同。信息设置与系统设置使用相同的视图模板页面。

以下是表单类的实现代码（admin/portal/forms.py）。

```
class InfoSettingForm(FlaskForm):
    title = StringField(label='博客标题', validators=[DataRequired()])
    description = StringField(label='博客描述', validators=
[DataRequired()])
    about = TextAreaField(label='"关于"信息')
    submit = SubmitField(label='保存')
```

以下是视图函数的实现代码（admin/portal/views.py）。

```
@portal.route('/info_setting', methods=['GET', 'POST'])
def info_setting():
    form = InfoSettingForm()

    if request.method == 'POST' and form.validate_on_submit():
        try:
            setting = _form_export_setting(form)
            save_setting('info_setting', setting)
            flash('保存成功', 'success')
            return redirect(request.path)
        except Exception as e:
```

```
                flash('保存失败 - %s' % e, 'danger')
                return abort(500)
    else:
        setting = load_setting('info_setting')  # type: dict
        _setting_inject_form(setting, form)
        return render_template('admin/portal/setting.html', form=form, title='博客信息设置')
```

博客信息设置页面完成后的效果如图 7-5-10 所示。

图 7-5-10　博客信息设置页面完成后的效果

简易博客系统-管理模块

在本节中，如果对操作过程有疑问，可跟随左侧视频进行操作。

7.6 小结

本章引导各位读者完成了一个简易博客系统，其中所使用到的知识点涉及了 Flask 的方方面面。完成此系统后，读者已具备开发简单应用的能力。